Werner Dück

Optimierung unter mehreren Zielen

REIHE WISSENSCHAFT

Die REIHE WISSENSCHAFT ist die wissenschaftliche Handbibliothek des Naturwissenschaftlers und Ingenieurs und des Studenten der mathematischen, naturwissenschaftlichen und technischen Fächer. Sie informiert in zusammenfassenden Darstellungen über den aktuellen Forschungsstand in den exakten Wissenschaften und erschließt dem Spezialisten den Zugang zu den Nachbardisziplinen.

Werner Dück

Optimierung unter mehreren Zielen

Mit 28 Abbildungen

Vieweg · Braunschweig

Verfasser:
Prof. Dr. Werner Dück
Hochschule für Ökonomie „Bruno Leuschner", Berlin

CIP-Kurztitelaufnahme der Deutschen Bibliothek

Dück, Werner:
Optimierung unter mehreren Zielen. — 1. Aufl. —
Braunschweig: Vieweg, 1978.
(Reihe Wissenschaft)
ISBN-13: 978-3-528-06842-4 e-ISBN-13: 978-3-322-86015-6
DOI: 10.1007/978-3-322-86015-6

1979

Softcover reprint of the hardcover 1st edition 1979

Lizenzausgabe für Friedr. Vieweg & Sohn Verlagsgesellschaft mbH, Braunschweig, mit Genehmigung des Akademie-Verlages, DDR-Berlin

ISBN-13: 978-3-528-06842-4

Vorwort

Die Betrachtung eines Problems unter vielfältigen Zielvorstellungen ist uns im täglichen Leben genauso bekannt wie in der Ökonomie, der Technik, der Medizin und wohl in allen anderen Wissenschaften. Und auch die Berücksichtigung mehrerer Ziele bei wissenschaftlichen Untersuchungen ist keineswegs ein Kind der Neuzeit. So hat in der Ökonomie z. B. bereits der bürgerliche Wissenschaftler V. Pareto (1848—1923) einen Optimalitätsbegriff erklärt, der von einer Vielzahl von Zielvorstellungen ausgeht. Zunehmend beschäftigen sich moderne ökonomische Publikationen mit Fragen, die durch eine Zielmannigfaltigkeit aufgeworfen werden. Auch die Operationsforschung hat eine Reihe von Vorschlägen zur Erfassung mehrerer Ziele in mathematischen Modellen unterbreitet. So gibt es z. B. heute bereits eine Fülle von Methodiken für lineare Optimierungsaufgaben mit mehreren Zielfunktionen.

Es kann aber auch nicht übersehen werden, daß die mathematischen Optimierungsmethoden auf den ersten Blick die Berücksichtigung mehrerer Ziele zu erschweren scheinen. Der mathematische Begriff der Optimalität setzt zunächst im allgemeinen eine eindeutige Fixierung des Zieles voraus. Diese Tatsache hat bei der Beurteilung der Brauchbarkeit mathematischer Methoden zur Beschreibung ökonomischer Probleme bisweilen zu falschen Rückschlüssen geführt. Es kann und darf daraus nämlich nicht die Schlußfolgerung gezogen werden, daß die mathematischen Optimierungsmethoden kein geeignetes Mittel der Modellbildung in der Ökonomie sind. Ich hoffe, daß auch die Darlegungen in diesem Buch dazu beitragen werden, die Leistungsfähigkeit mathematischer Optimierungsmethoden bei Vorliegen mehrerer Zielvorstellungen zu demonstrieren. Die Optimierung unter mehreren Zielen, auch *Polyoptimierung* oder *Vektoroptimierung* genannt, kann heute als ein sich rasch entwickelndes Teilgebiet der mathematischen Optimierung angesehen werden, das nicht die Existenz eines einzigen Zielkriteriums voraussetzt.

Die Veranlassung zur Darstellung der Problematik bei der Berücksichtigung mehrerer Zielfunktionen in diesem Buch gab mir eine Lösungsidee, die ich gemeinsam mit meinem Kollegen Prof. Dr. L. Wunderlich entwickelt habe [8—10]. Sie bildet auch den Ausgangspunkt für die nachfolgenden Betrachtungen. Dabei wird das Anliegen verfolgt, den praktischen Bedürfnissen noch besser zu entsprechen, ohne auf den Erfahrungsschatz zu verzichten, der in den bisher entwickelten Methodiken angesammelt wurde. Bei allen Betrachtungen beziehe ich mich auf ökonomische Problemstellungen, jedoch sind die mathematischen Lösungsgedanken zwangsläufig vom Untersuchungsbereich unabhängig. Die Lösungsmethoden werden auf lineare Optimierungsaufgaben bezogen, da sie zweifellos bei ökonomischen Anwendungen unter den mathematischen Optimierungsmethoden den praktikabelsten Reifegrad erreicht haben.

Die mathematischen Voraussetzungen für das Verständnis dieses Buches sind sehr gering. Besonders die einführenden Kapitel kommen mit einem Grundverständnis für den Modellbildungsprozeß aus. Die Beschränkung auf lineare Optimierungsmodelle ermöglicht weiterhin, die Darlegung der Lösungsmethodiken auf der Basis einfacher Kenntnisse der linearen Optimierung vorzunehmen.

Mein Dank gilt wieder dem Akademie-Verlag, der so bereitwillig auch diese Publikation von mir in sein Verlagsprogramm aufgenommen hat. Insbesondere danke ich Fräulein Helle für die schon so gewohnte ausgezeichnete Betreuung der Broschüre.

W. Dück

Berlin, im Dezember 1976

Inhaltsverzeichnis

1. Der Prozeß der Zielfindung und Zielauswahl

Die Anwendung mathematischer Optimierungsmethoden auf ökonomische Problemstellungen macht eine sorgfältige Zielbestimmung notwendig. Schon bei der Problemformulierung müssen die Ziele klar fixiert werden. Wir wollen in diesem Kapitel zunächst den Prozeß der Zielfindung und Zielauswahl erörtern, ohne bereits auf den Begriff der Optimalität bei mehreren Zielfunktionen Bezug zu nehmen.

1.1. Die Vielfalt der Ziele bei ökonomischen Problemen

Wie wir bereits im Vorwort bemerkten, ist es nicht nur eine Eigenschaft ökonomischer Probleme, daß sie häufig unter einer Menge von Zielvorstellungen zu betrachten sind. Vielmehr zeigt die qualitative Analyse der gesellschaftlichen Verhältnisse, daß unsere gesellschaftlichen und sozialen Prozesse stets unter den vielfältigsten Zielvorstellungen verlaufen. So ist zweifellos jeder Mensch bestrebt, eine Ware mit hohen Gebrauchswerteigenschaften, modischem Aussehen, auf höchstem wissenschaftlich-technischem Niveau zu niedrigem Preis zu kaufen. In der Gesellschaft muß die materielle Bedürfnisbefriedigung im Zusammenhang mit der Entwicklung der geistig-kulturellen Interessen, sozialen Faktoren, dem geplanten Investitionsniveau, der vorgesehenen wissenschaftlich-technischen Entwicklung, den Aufwendungen für die Landesverteidigung, die Wissenschaft, das Gesundheitswesen und sicherlich einer großen Zahl weiterer Kriterien gesehen werden. Wir können daher wohl ohne Übertreibung feststellen, daß die Dialektik unseres Lebens sich auch in der Vielzahl der Zielvorstellungen widerspiegelt.

Aus den allgemeinen gesellschaftlichen Bedingungen leitet sich zwangsläufig ab, daß auch ökonomische Probleme unter den unterschiedlichsten Zielen zu betrachten sind. So kann man z. B. den Produktionsplan eines Betriebes unter folgende Ziele stellen:

— minimale Herstellungskosten,
— maximaler Bruttogewinn,
— maximaler Exportgewinn,

– minimaler Rohstoffverbrauch,
– maximales Produktionsvolumen,
– maximale Kapazitätsauslastung,
– maximale Arbeitsproduktivität,
– minimaler Arbeitskräfteaufwand.

Schon bei der Aufzählung einer solchen praktischen Zielmannigfaltigkeit zeigt sich:

1. Einige Ziele sind voneinander abhängig, so daß mit der Erfüllung des einen Zieles andere Ziele weitgehend befriedigt werden. Derartige sich im wesentlichen deckende Ziele sondert man bei der Zielanalyse aus, um eine unbegründete Zielmannigfaltigkeit zu vermeiden. Schon bei klassischen Problemstellungen der Operationsforschung wird die gleichzeitige Befriedigung sich teilweise deckender Ziele beachtet. So weiß man z. B. bei einem Problem der Maschinenbelegungsplanung, daß die Minimierung des Endtermins für das gesamte Fertigungsprogramm gleichzeitig auf eine Minimierung der Verluste abzielt, die durch Umlaufmittelbindung verursacht werden.

2. Einige Ziele widersprechen einander. Die Beherrschung dieser Widersprüchlichkeit von Zielen ist für den Leitungs- und Planungsprozeß von entscheidender Bedeutung und beeinflußt auch wesentlich den Erfolg der Anwendung mathematischer Methoden. Solche gegenläufigen Tendenzen in den Zielstellungen ergeben sich häufig bei ökonomischen Problemstellungen, falls wir es mit Ergebnis-Aufwand-Betrachtungen zu tun haben. Aber Maximierung des Ergebnisses und Minimierung des Aufwandes sind zwei so entgegengesetzte Forderungen, daß ihre gleichzeitige Befriedigung nicht erwartet werden kann.

Fassen wir diese Gedankengänge zusammen, so besteht unsere Aufgabe darin, einen geeigneten *Kompromiß* zu finden, der die Vielzahl der Zielvorstellungen (bei Einhaltung der Bedingungen, unter denen sie erreicht werden sollen) weitgehend befriedigt. Das gilt sowohl für den praktischen Leitungs- und Planungsprozeß als auch für die Anwendung mathematischer Methoden. In diesem Sinne kann die klassische Lagerhaltungstheorie der Operationsforschung als Kompromißtheorie zwischen den folgenden Zielen angesehen werden:

1. Minimierung der Kosten für die Lagerhaltung durch Reduktion des Lagerbestandes;
2. Maximale Erfüllung aller Forderungen durch Vergrößerung des Lagerbestandes.

Die Suche nach einem geeigneten Kompromiß ist daher eine bekannte Aufgabe der Operationsforschung. Auch die in diesem Buch dargestellten Methoden der

Optimierung unter mehreren Zielen ordnen sich einer derartigen Aufgabenstellung unter.

Die Formulierung eines einheitlichen Zieles, das alle Zielvorstellungen weitgehend befriedigt, ist zweifellos ein Kompromiß, der jedoch nicht immer gangbar sein wird. Ein *einheitliches Gesamtziel* kann sowohl auf der Basis rein ökonomischer Untersuchungen als auch durch die Methodiken der Vektoroptimierung angestrebt werden. So dient z. B. die später beschriebene Betrachtung einer Ersatzzielfunktion durch gewichtete Addition der Einzelziele lediglich dem Anliegen, gegebenenfalls ein vertretbares einheitliches Gesamtziel zu finden. Bei den ökonomischen Ergebnis-Aufwand-Problemen wird es dagegen meist sehr schwer sein, ein vertretbares Gesamtziel herzuleiten. Häufig begnügt man sich daher mit der eingeschränkten Aufgabe, das Ergebnis bei vorgegebenem Aufwand zu maximieren oder den Aufwand bei vorgegebenem Ergebnis zu minimieren und umgeht so die Problematik der Optimierung unter mehreren Zielen. In der sozialistischen Volkswirtschaft gibt es zwar ein umfassendes allgemeines Ziel: „Die Befriedigung der Bedürfnisse der Menschen durch weitere Erhöhung des materiellen und kulturellen Lebensniveaus." Aber dieses Ziel ist im Leitungs- und Planungsprozeß zwangsläufig durch eine Reihe weiterer Ziele zu untersetzen. Die Suche nach einem allgemeingültigen, theoretisch überzeugend begründeten Zielkriterium auf den Ebenen der Volkswirtschaft ist wenig erfolgreich. So schreibt z. B. BOJARSKIJ zur Problematik der Angabe eines einheitlichen Kriteriums für die Optimalität des gesamten Planes der Verteilung und Nutzung der Investitionen (zitiert nach DADAJAN [3], S. 91): „Anstelle der fruchtlosen Suche nach einem einheitlichen Optimalitätskriterium des Plans muß man eine ganze Reihe von Kriterien im Auge behalten, von denen jedes zu seiner Lösung führt. Je mehr Kriterien berücksichtigt werden, desto besser für die Planung, desto reicher ist die Information, über die die Planung verfügt." Das unterstreicht, daß ein einheitliches Gesamtziel keineswegs immer als ein vertretbarer Kompromiß angesehen werden kann, und wir andere Methoden zur Erfassung mehrerer Ziele benötigen.

1.2. Die Unterscheidung zwischen Zielen und Mitteln

Für die mathematische Modellierung ist es von Bedeutung, zwischen den *Zielen*, unter denen das vorgelegte Problem zu betrachten ist, und den *Mitteln* oder *Bedingungen*, die zur Erreichung der Ziele eingehalten werden müssen, zu unterscheiden. Diese Tatsache gewinnt zusätzlich dadurch an Interesse, daß vom ökonomischen Problem her nicht zwangsläufig immer ein Unterschied zwischen Zielen und Mitteln erkennbar ist. Auch die Einhaltung einer Kapazitätsschranke, z. B. eine vorgegebene Begrenzung der Maschinenkapazität, kann zunächst in gewissem Sinne als Ziel des Produktionsprozesses angesehen werden. Daher versteht MAIMINAS [22] unter einem *Entscheidungskriterium* im weiteren Sinne eine Regel, die den Vergleich und die Auswahl von Varianten ermöglicht. Bei dieser Auffassung schließt der Begriff des Kriteriums nicht nur die zu optimierende Zielfunktion sondern auch die Begrenzungen der Varianten ein. Aber natürlich kann uns das nicht von der Aufgabe entbinden, innerhalb der erkannten Entscheidungskriterien die Ziele von ihren Ressourcen abzugrenzen. Das ist eine wesentliche Aufgabe bei der wissenschaftlichen Durchdringung des Leitungsprozesses, da wir der Erfüllung der Ziele im allgemeinen ein größeres Gewicht als der Einhaltung der Ressourcen beimessen werden.

Wir wollen davon ausgehen, daß in der Praxis der Leiter die von ihm verfolgten Ziele im wesentlichen kennt und sie auch von den Bedingungen unterscheiden kann. Er wird seinen Leitungsprozeß auf die effektive Erfüllung der Ziele ausrichten, zumal auch die materielle Stimulierung ihn dazu veranlaßt. Seine Ziele können etwa in einem maximalen Produktionsumfang, in einer maximalen Befriedigung des Exportprogramms und in einer weitgehenden Senkung der Selbstkosten bestehen. Dagegen ist es wahrscheinlich, daß die geringe Auslastung einer vorgegebenen oberen Kapazitätsschranke nicht zu seinen Zielvorstellungen gehört. Meist wird sogar erst eine zu erwartende Überschreitung der Kapazitätsschranke das Problem zum Gegenstand des Leitungsprozesses machen. So ist die Abgrenzung zwischen Zielen und Mitteln in der Praxis häufig weniger problematisch als bei der theoretischen Durchdringung eines ökonomischen Problems, falls z. B. das Anliegen derartiger Untersuchungen in der Herleitung von Konsequenzen für die künftige Gestaltung des Leitungs- und Planungsprozesses besteht.

In diesem Zusammenhang bemerken wir, daß es keineswegs unsere Absicht war, den Zielbegriff automatisch mit der Vorstellung seiner optimalen Erfüllung zu koppeln. So kann z. B. das Herstellungsvolumen eines Zwischenproduktes durchaus zur Zielmenge des Produktionsprozesses gehören, jedoch an einer Übererfüllung der Planvorgaben keinerlei Interesse bestehen, da ein zusätzlicher Bedarf nicht vorhanden ist.

Eine weitere Besonderheit der Ziel-Mittel-Problematik leitet sich aus der Zielhierarchie her. Die Ziele von übergeordneten Ebenen werden in der nachfolgenden Ebene sehr häufig über das Ressourcenprinzip befriedigt. Das entspricht einfach der Technologie unseres Planungsprozesses. Praktisch kann daraus die Konsequenz gefolgert werden, daß innerhalb der Zielhierarchie die Ziele ihren Charakter verändern können und in den nachfolgenden Ebenen als Ressourcen zu betrachten sind. Die Unterscheidung zwischen Zielen und Mitteln muß daher auch in Abhängigkeit von der Ebene gesehen werden.

Damit haben wir erkannt, daß eine klare Abgrenzung zwischen Zielen und Mitteln weder von der allgemeinen Problemstellung noch von ihrer praktischen

Umsetzung immer gegeben sein wird. Doch die Anwendung mathematischer Methoden zwingt auch zu einer sauberen Unterscheidung zwischen Zielen und Mitteln. Für uns ist diese Problematik deshalb von nicht so unmittelbarer Bedeutung, da sie aus dem Ideengebäude der Mathematik kaum zu beantworten ist. Aber der Erfolg der Anwendung mathematischer Methoden wird auch durch die Ziel-Mittel-Problematik beeinflußt, und ein gewisses Verständnis für die Zielfindung ist erforderlich, um die Gedankengänge der Optimierung ökonomischer Probleme unter mehreren Zielvorstellungen voll erfassen zu können. Bei unseren weiteren Betrachtungen werden wir die Ziel-Mittel-Problematik ausklammern und voraussetzen, daß die Zielmenge klar von den Ressourcen abgegrenzt ist. Jedoch soll damit nicht ausgeschlossen werden, daß im Rahmen der mathematischen Lösungsmethodik Ziele als Nebenbedingungen der Optimierungsaufgabe formuliert werden.

1.3. Die Bedeutung der Zielanalyse für die Erkennung und Beurteilung der Ziele

Die Zielfindung und Zielformulierung ist zweifellos eine entscheidende Aufgabe im wissenschaftlichen Leitungsprozeß, und ohne eine sorgfältige Beschreibung der Ziele kann kein Erfolg bei der Anwendung mathematischer Methoden in der Ökonomie erwartet werden. Natürlich gibt es eine Reihe von Problemen, bei denen die Ziele, unter denen die Anwendung mathematischer Methoden zu erfolgen hat, keiner näheren Untersuchung bedürfen. So können wir z. B. bei einem Zuschnittsproblem im allgemeinen erwarten, daß als Ziel die Minimierung des Abfalls anzusehen ist. Aber für komplexe volkswirtschaftliche, zweigliche oder betriebswirtschaftliche Probleme ist die Zielerkennung und Zielbeschreibung eine der schwierigsten Aufgaben bei ihrer wissenschaftlichen Durchdringung. Es ist beispielsweise bei einem komplexen betrieblichen Problem eben meist leichter, die Aufwendungen des Produktionsprozesses exakt zu beschreiben, als das gesellschaftliche Ziel der Produktion zu umreißen. Bis heute gibt es keine Theorie und entwickelte Methodik der Ableitung und Bestimmung von Zielen. Daher ist es erforderlich, den Prozeß der Zielfindung mit einer sorgfältigen Zielanalyse zu verbinden, um unberechtigte Analogieschlüsse und eine einseitige Orientierung auf die Erfahrungswerte der Vergangenheit zu verhindern.

Im Hinblick auf die Anwendung mathematischer Methoden umfaßt der Prozeß der Zielanalyse stets zwei Seiten:

1. Die qualitative Auswahl und Begründung der Ziele;
2. die Untersuchung der Möglichkeiten zur quantitativen Fixierung der Ziele.

Erst die quantitative Darstellung der Ziele erschließt uns die Möglichkeit, sie in das mathematische Modell aufzunehmen.

Eine wesentliche Aufgabe der Zielanalyse ist die Untersuchung der *Zielhierarchie* (vergleiche dazu auch [8—10]). Besonders bei komplizierten und hierarchisch verflochtenen Problemen ist der Aufbau der Zielhierarchie eine grundlegende Methode der Zielerkennung. Dabei gehen wir davon aus, daß die Ziele der ersten Ebene dieser Hierarchie formuliert und die Ziele der nachfolgenden Ebenen herzuleiten sind. Die Ziele jeder übergeordneten Ebene nennen wir *Oberziele,* die einer nachfolgenden Ebene *Unterziele.* Die Ableitung der Unterziele verbinden wir mit folgenden Bemerkungen:

1. Ein Unterziel kann sich direkt aus einem einzigen Oberziel oder aus mehreren Oberzielen herleiten. Das veranlaßt uns zur Unterscheidung von *einfachen* und *komplizierten Unterzielen.*
2. Es gibt Unterziele, die für die betrachtete Ebene typisch sind. Ihre direkte Ableitung scheint aus der Formulierung der Oberziele nicht möglich zu sein. Diese *ebenentypischen Unterziele* untersetzen aber die Zielstellungen der übergeordneten Ebenen.
3. Es gibt Oberziele, deren Erfüllung in den nachfolgenden Ebenen über das *Ressourcenprinzip* gesichert wird (vergl. 1.2) oder die keinen erkennbaren direkten Einfluß auf die Unterziele nehmen.

So einfach ein solches Denkschema auch erscheinen mag, darf es nicht über die Schwierigkeiten hinwegtäuschen, denen man fast immer beim Aufbau einer Zielhierarchie gegenübersteht. Muß doch mit der Erfüllung der Unterziele gleichzeitig die Erreichung der Oberziele gesichert werden. Und wie schwer ist es, diese Forderung zu verwirklichen! So lassen sich z. B. die Zielstellungen des betrieblichen Reproduktionsprozesses nicht unmittelbar auf die Abteilungen oder Meisterbereiche übertragen. Das betriebliche Oberziel nach maximalem Gewinn wird sich etwa in den Produktionsabteilungen in der Forderung nach Maximierung der Produktionsmengen an Teilen, Baugruppen und Erzeugnissen ausdrücken. Hinzu kommt, daß die Zielstellungen übergeordneter Ebenen zwangsläufig auch nichtökonomische Forderungen enthalten müssen, deren Widerspiegelung in den nachgelagerten Ebenen zusätzliche Komplikationen bewirkt.

Faktisch ist es bis heute nicht möglich, eine allgemeine Methodik der Zielerkennung und Zielbeschreibung anzugeben. Vielmehr wird es weitgehend von der Beherrschung des Leitungs- und Planungsprozesses abhängen, inwieweit diese Aufgabe befriedigend gelöst werden kann. Auch das Vorgehen bei der Zielanalyse bleibt so zwangsläufig im hohen Maße der Intuition und Erfahrung überlassen.

Mit der Zielanalyse verfolgen wir aber nicht nur das Anliegen, die Ziele zu erkennen und zu beschreiben. Vielmehr sollte auch eine gewisse Beurteilung, Wichtung und Bewertung der Ziele ein Ergebnis der Zielanalyse sein. Derartige

Aufgaben der Zielanalyse spiegeln sich in den folgenden Gedankengängen wider (vgl. [8, 10]):

1. Zweifellos ist die *Bewertung* der erkannten und formulierten Ziele als ein wichtiger Bestandteil der Zielanalyse anzusehen. So haben wir zunächst zwischen den *wesentlichen* und *unwesentlichen Zielen* zu unterscheiden. Im Sinne des Modellierungsprozesses werden die unwesentlichen Ziele aus den weiteren Betrachtungen ausgeklammert. Aber trotzdem ist ihre Kenntnis nicht gänzlich unbedeutend, da der stets durchzuführende Modelltest zeigen kann, daß ein als unwesentlich angesehenes Ziel doch eine größere Bedeutung für das Problem besitzt.

Vielfach werden wird die wesentlichen Ziele weiterhin in *Haupt-* und *Nebenziele* unterteilen können. Die Erfüllung der Hauptziele ist von vorrangiger Bedeutung. Innerhalb einer Zielhierarchie werden sich die Hauptziele häufig direkt aus den Zielen der übergeordneten Ebene herleiten. Gegebenenfalls führt die Bewertung der Ziele zur Festlegung von *Rangfolgen*, wodurch sich auch das Problem der Optimierung unter mehreren Zielen vereinfacht.

2. Jede Bewertung der Ziele ist zwangsläufig mit einer *Aussonderung* verbunden. Schon die Erkennung unwesentlicher Ziele kann als eine Aussonderung angesehen werden. Zur Reduktion der Zielmannigfaltigkeit ist es aber auch wünschenswert, auf die Betrachtung sich weitgehend deckender Ziele zu verzichten.

3. Um qualitative Unterschiede zwischen den Zielen quantitativ zu beschreiben, kann man prüfen, ob den Zielen *Gewichte* zugeordnet werden können. Auf der Basis einer solchen Wichtung der Ziele läßt sich gegebenenfalls die Erklärung einer geeigneten Ersatzzielfunktion begründen.

4. Für die Anwendung mathematischer Methoden ist es von grundsätzlicher Bedeutung, ob ein Ziel formalisierbar ist. Ein *formalisierbares Ziel* kann durch eine mathematische Funktion (Zielfunktion) dargestellt werden. Die Formalisierbarkeit eines Zieles setzt seine Meßbarkeit voraus und ist folglich vom Erkenntnisstand der Forschung abhängig. Sie ermöglicht uns auch die mathematische Erklärung des Begriffs der Optimalität für das Ziel.

5. Wir bemerkten bereits in 1.2, daß nicht für jedes Ziel automatisch seine Optimierung anzustreben ist. Vielmehr wollen wir nicht ausschließen, daß es Ziele geben kann, für die lediglich die Erreichung eines bestimmten Niveaus gefordert wird. Daher unterscheiden wir zwischen *Zielen mit Optimierungsaspekt* und *Zielen mit Niveauerreichung*. Hinsichtlich der Anwendung mathematischer Methoden wird sich diese Unterteilung zwangsläufig nur auf formalisierbare Ziele beziehen.

6. Die Zielanalyse umfaßt aber auch die Aufgabe zu prüfen, ob die für die

Zielformulierung erforderlichen Daten in ausreichender Qualität vorhanden sind oder ermittelt werden können.

Im Ergebnis derartiger Betrachtungen gelangen wir zu Aussagen über die Ziele, die nicht nur für den Prozeß der Modellierung sondern auch für die Wahl der Methodik bei der Optimierung unter mehreren Zielen von Bedeutung sind. Jedoch sollte gesichert sein, daß die Zielanalyse weitgehendst unabhängig von der angestrebten mathematischen Modellierung des Problems durchgeführt wurde.

1.4. Veranschaulichung des Prozesses der Zielauswahl

Auf der Basis der Zielanalyse erfolgt die Auswahl der in das mathematische Modell aufzunehmenden Ziele. Wir wollen uns diesen Prozeß der Zielauswahl an Hand von Abb. 1 veranschaulichen.

Ausgangspunkt ist eine Menge erkannter Ziele, die sich auf der Basis unserer Überlegungen zur Zielerkennung und Zielbeschreibung ergeben hat. Zunächst werden aus dieser Zielmenge die unwesentlichen Ziele ausgesondert. Eine erste Reduktion erfährt die Zielmannigfaltigkeit der Menge der wesentlichen Ziele durch Auswahl der sich weitgehend deckenden Ziele und der über das Ressourcenprinzip zu befriedigenden Ziele. Die verbleibende Restmenge muß weiter in formalisierbare und nicht formalisierbare Ziele unterteilt werden. Aber selbst diese Menge der formalisierbaren wesentlichen Ziele wird noch nicht im mathematischen Modell Berücksichtigung finden können. Einen Grund haben wir bereits in 1.3 erkannt. Liegen nämlich die erforderlichen Daten nicht in ausreichender Qualität vor, kann das Ziel auch keine Verwendung im mathematischen Modell finden. Es gibt aber weitere Gründe, um von der Aufnahme eines Zieles in das mathematische Modell abzusehen. So können sich hinsichtlich der mathematischen Lösungsmethoden Bedenken ergeben, das Ziel im Modell zu erfassen. Auch die bereitstehende Software der Rechenanlage oder die Leistungsfähigkeit des Rechenautomaten können die Berücksichtigung eines Zieles als nicht sinnvoll erscheinen lassen.

Wir erkennen, daß sich die Zielmenge des mathematischen Modells im Prozeß einer vielfältigen Aussonderung von Zielen ergibt. Natürlich braucht ein solcher Prozeß nicht durchlaufen zu werden, wenn bei einem einfachen Problem die im Modell zu berücksichtigenden Ziele als gegeben angesehen werden können. Sind aber bei einem komplizierteren Problem die Ziele nicht bekannt, hängt von einer sorgfältigen Zielauswahl wesentlich der Erfolg der Anwendung mathematischer Methoden ab. Dabei darf die Zielauswahl in den ersten Etappen nicht auf die mathematische Modellierung ausgerichtet sein, um die Realität dieser Überlegungen durch mathematische Wunschvorstellungen nicht zu beeinflussen. Die mathematisch-rechentechnischen Erwägungen werden primär

Menge der erkannten Ziele
Menge der wesentlichen Ziele
Menge der unwesentlichen Ziele
Menge der in der Zielmannigfaltigkeit verbleibenden wesentlichen Ziele
Menge der ausgesonderten sich deckenden Ziele
Menge der Ziele, die über das Ressourcenprinzip befriedigt werden
Menge der formalisierbaren wesentlichen Ziele
Menge der nicht formalisierbaren wesentlichen Ziele
Zielmenge des mathematischen Modells
Menge der in das Modell nicht aufgenommenen formalisierbaren wesentlichen Ziele

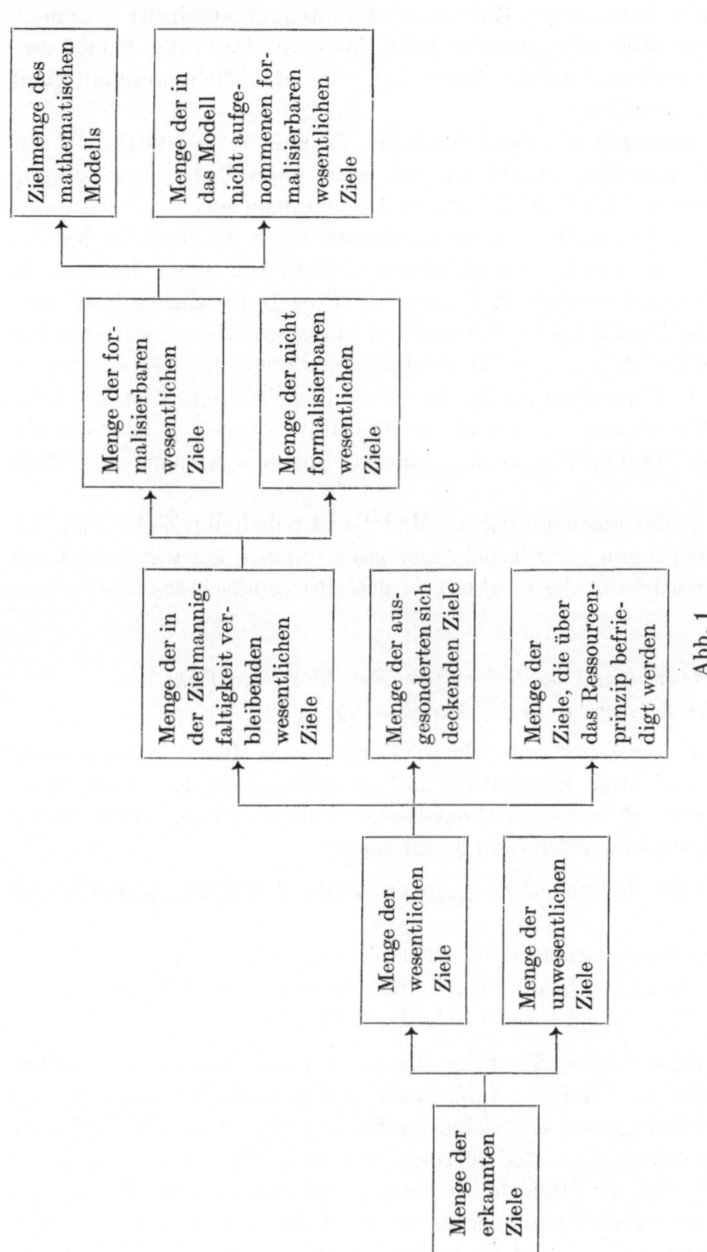

Abb. 1

im letzten Schritt berücksichtigt. Wir berühren in diesem Abschnitt aber noch nicht die sich sofort stellende grundsätzliche Frage, ob die in das Modell einfließenden Ziele überhaupt in der Lage sind, die reale Zielmannigfaltigkeit ausreichend widerzuspiegeln.

Der in Abb. 1 veranschaulichte Prozeß der Zielauswahl ist natürlich nur ein Denkschema. Die Zielauswahl ist mit einer ständigen Aussonderung von Zielen verbunden. Dabei dürfen unsere Darlegungen nicht so verstanden werden, daß die ausgesonderten Ziele überhaupt keine Rolle mehr bei der mathematischen Beschreibung des Problems spielen. Wir sehen lediglich in unserem Denkschema davon ab, daß auch der Prozeß der Zielanalyse, Zielauswahl und Modellierung ein Lernprozeß ist, in dessen Ablauf eine ständige Anpassung der Ziele an die Realität erfolgt. So können die ausgesonderten Ziele durchaus die Formulierung der im Modell berücksichtigten Ziele beeinflussen. Darüber hinaus werden wir in Abschnitt 1.5 sehen, daß sich die Interpretation der Modellösung auch gerade auf solche ausgesonderten Ziele bezieht.

Zur Entwicklung des mathematischen Modells ist neben den Zielen auch die Angabe der Bedingungen erforderlich. Der ganz analoge Auswahlprozeß für die Bedingungen wird durch das in Abb. 2 dargestellte Denkschema veranschaulicht.

1.5. Die Ausnutzung der Kenntnisse über die Zielauswahl bei der Interpretation der Modellösung

Das im vorigen Abschnitt entwickelte Denkschema für die Zielauswahl vermittelt uns die wichtige Erkenntnis, daß die Gesamtheit der wesentlichen Ziele nicht zwangsläufig in das mathematische Modell einfließt. Dafür haben wir hauptsächlich die folgenden Gründe erkannt:

1. Es sind Ziele nicht als wesentlich (gegebenenfalls überhaupt nicht) erkannt worden.
2. Es kann nicht formalisierbare wesentliche Ziele geben.
3. Die erforderlichen Daten liegen nicht in der notwendigen Qualität vor.
4. Es gibt mathematisch-rechentechnische Bedenken.

Einem analogen Auswahlprozeß wurden die wesentlichen Bedingungen unterworfen. Der erste Grund haftet zwangsläufig jedem Modellierungsprozeß als Teil des Erkenntnisprozesses an. Seine Aufhebung erfolgt durch mehrfache adaptive Durchlaufung des Modellierungsprozesses. Die anderen Gründe scheinen aber in gewisser Hinsicht unseren Vorstellungen vom Prozeß der mathematischen Modellierung entgegenzustehen, da sie eine bewußte Vernachlässigung wesentlicher Ziele und Bedingungen beinhalten. Zwar bildet das Modell die objektive Realität nur vereinfacht ab, indem es Zweitrangiges und

Menge der in
das mathe-
matische Modell
aufzunehmen-
den Bedin-
gungen
Menge der in
das Modell nicht
aufgenomme-
nen formali-
sierbaren
wesentlichen
Bedingungen
Menge der for-
malisierbaren
wesentlichen
Bedingungen
Menge der nicht
formalisierbaren
wesentlichen
Bedingungen
Erweiterte
Menge sich
nicht decken-
der wesent-
licher Bedin-
gungen
Menge der aus-
gesonderten
sich deckenden
Bedingungen
Menge der Ziele,
die über das
Ressourcen-
prinzip befrie-
digt werden
Menge der
wesentlichen
Bedingungen
Menge der un-
wesentlichen
Bedingungen
Menge der
erkannten
Bedingungen

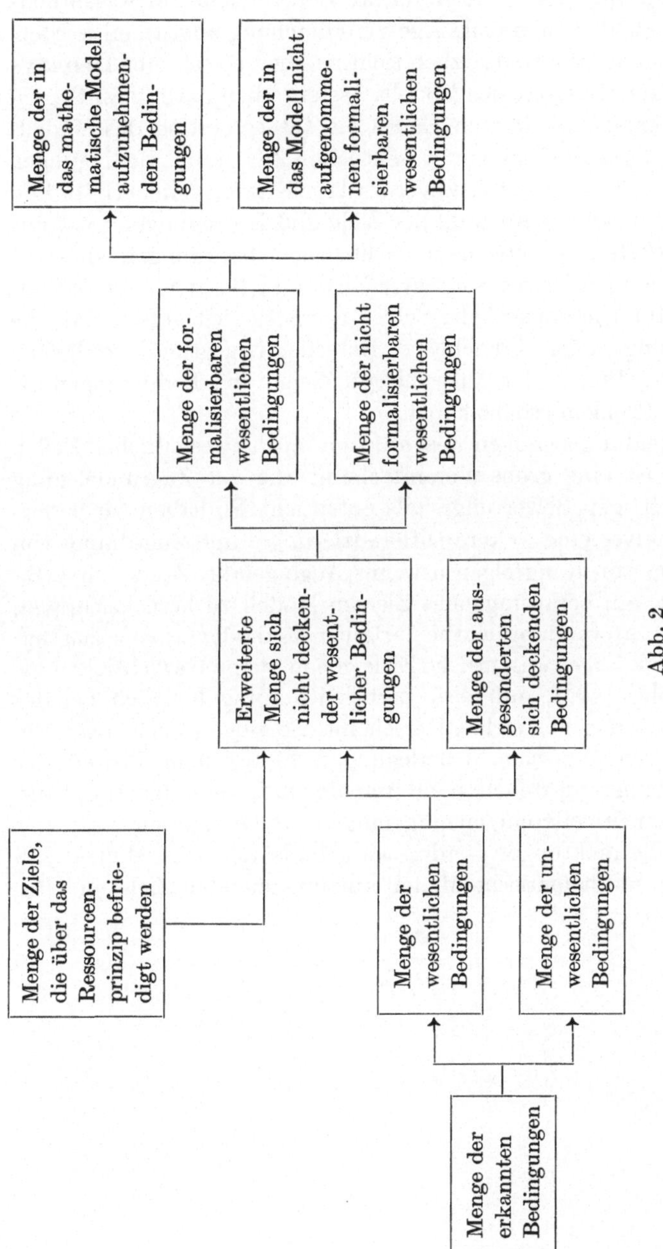

Abb. 2

Nebensächliches vernachlässigt. Jedoch könnte der Verzicht auf wesentliche Ziele und Bedingungen als eine unzulässige Vereinfachung angesehen werden. Dieser Einwand ist zunächst grundsätzlich richtig. Aber, so schreibt DADAJAN ([3], S. 12): „Der Erkenntniswert des Modells besteht eben darin, daß Gegenstand der Modelluntersuchung letzten Endes die Interpretation des Modells ist." Je weniger uns die Aufnahme von wesentlichen Zielen und Bedingungen in das Modell gelungen ist, desto notwendiger wird die Korrektur der ermittelten Modellösung. Unser Prozeß der Auswahl der Ziele und Bedingungen zeigt uns auch, an welchen Stellen unsere hauptsächlichen Überlegungen ansetzen müssen. Die Kenntnis nicht berücksichtigter Ziele und Bedingungen enthält einen beachtlichen Informationsgehalt. Selbst wenn es sich ergibt, daß die ermittelte Modellösung keine brauchbare Entscheidungsgrundlage liefert, werden sich durch den Prozeß der Auswahl von Zielen und Bedingungen die Kenntnisse über das Problem erhöht haben.

Auch die Unterscheidung zwischen wesentlichen und unwesentlichen Zielen (oder Bedingungen) ist eine grobe Vereinfachung, die der Zugrundelegung lediglich einer zweiwertigen Bewertungsskala entspricht. So haben wir bereits im Prozeß der Zielanalyse eine weitere Differenzierung durch Zuordnung von Gewichten, Erklärung von Rangfolgen usw. ins Auge gefaßt. Zeigt sich z. B., daß es unmöglich ist, ein herausragendes Ziel im Modell zu berücksichtigen, wird das Problem der Anwendung mathematischer Methoden schwer zugänglich sein. Andererseits kann es wesentliche Ziele geben, deren Gewichtigkeit als gering genug angesehen wird, daß ihre Berücksichtigung lediglich bei der Korrektur der Modellösung ausreichend erscheint. So zeigen auch diese Bemerkungen, welche schöpferischen Überlegungen hinter dem Prozeß der mathematischen Modellierung stehen, die durch ein stark vereinfachtes Denkschema immer nur sehr unvollkommen eingefangen werden können.

Bei den folgenden Betrachtungen werden wir grundsätzlich annehmen, daß die Menge der in das mathematische Modell aufzunehmenden Ziele und Bedingungen vorgegeben ist.

2. Der Begriff der Optimalität bei Aufgaben mit mehreren Zielen

2.1. *Die allgemeine Aufgabe der linearen Vektoroptimierung*

Zur Vereinfachung der mathematischen Problematik beschränken wir uns auf die Untersuchung von Aufgaben der linearen Vektoroptimierung, denen bei ökonomischen Anwendungen die größte Bedeutung zukommt. Sie werden auch *Aufgaben der linearen Polyoptimierung* oder *lineare Aufgaben der Optimierung unter mehreren Zielen* genannt. Zwar enthalten die folgenden Betrachtungen auch Orientierungen auf die Problemstellungen der *nichtlinearen Polyoptimierung*; aber die Erörterung derartiger Fragen soll außerhalb unserer Darlegungen bleiben (wir verweisen dazu etwa auf [24]).

Bei einer Aufgabe der linearen Vektoroptimierung ist das Maximum von k linearen Zielfunktionen

$$\left.\begin{array}{ll} Z_1 = c_{11}x_1 + c_{12}x_2 + \cdots + c_{1n}x_n & \max \\ Z_2 = c_{21}x_1 + c_{22}x_2 + \cdots + c_{2n}x_n & \max \\ \dots\dots\dots\dots\dots\dots\dots & \\ Z_k = c_{k1}x_1 + c_{k2}x_2 + \cdots + c_{kn}x_n & \max \end{array}\right\} \tag{1}$$

unter den linearen Restriktionen

$$\left.\begin{array}{l} a_{11}x_1 + a_{12}x_2 + \cdots + a_{1n}x_n = b_1 \\ a_{21}x_1 + a_{22}x_2 + \cdots + a_{2n}x_n = b_2 \\ \dots\dots\dots\dots\dots\dots\dots \\ a_{m1}x_1 + a_{m2}x_2 + \cdots + a_{mn}x_n = b_m \end{array}\right\} \tag{2}$$

$$x_i \geqq 0, \quad i = 1, 2, \ldots, n \tag{3}$$

zu bestimmen. Dabei haben wir als Ausgangspunkt bereits eine *Normalform* von Aufgaben der linearen Vektoroptimierung gewählt. Der Übergang zur Normalform (1)—(3) vollzieht sich analog zu dem aus der linearen Optimierung bekannten Vorgehen. Insbesondere heben wir hervor, daß bei der Normalform die Maximierung aller k Zielfunktionen angestrebt wird.

Die Aufgabenstellung der linearen Vektoroptimierung dürfte erstmalig durch KUHN und TUCKER [20] eine sorgfältige Begründung erfahren haben. Aber die praktische Bedeutung der Vektoroptimierung ist wohl zuerst in der sozialistischen Volkswirtschaft voll erkannt worden (s. hierzu etwa [17]).

Die Erklärung von Aufgaben der linearen Vektoroptimierung ist ansich sinnlos, wenn man nicht gleichzeitig sagt, was unter dem Begriff der Optimalität verstanden werden soll. Bei Aufgabe der linearen Optimierung mit einer einzigen Zielfunktion ($k = 1$) ist die Optimalität aus dem Ideengebäude der Analysis von selbst verständlich. In der Vektoroptimierung muß für die Optimalität erst eine geeignete Definition gefunden werden. Das wird einen wesentlichen Untersuchungsgegenstand dieses Kapitels bilden.

Unter Verwendung der Matrizenschreibweise können wir die Aufgabe der linearen Vektoroptimierung (1)—(3) durch die Beziehungen

$$\left.\begin{array}{l} Z_1 = \boldsymbol{c}_1'\boldsymbol{x} \max \\ Z_2 = \boldsymbol{c}_2'\boldsymbol{x} \max \\ \dots\dots\dots\dots\dots \\ Z_k = \boldsymbol{c}_k'\boldsymbol{x} \max \end{array}\right\} \tag{4}$$

$$\boldsymbol{A}\boldsymbol{x} = \boldsymbol{b} \tag{5}$$

$$\boldsymbol{x} \geqq \boldsymbol{0} \tag{6}$$

ausdrücken. Die Zielfunktionen $Z_1, Z_2, \ldots, Z_k$ werden auch als Komponenten eines *Zielfunktionenvektors*

$$\boldsymbol{Z} = (Z_1, Z_2, \ldots, Z_k) \tag{7}$$

aufgefaßt. Dann läßt sich die Aufgabe der linearen Vektoroptimierung durch die Kurzschreibweise

$$\max \{\boldsymbol{Z} \mid \boldsymbol{A}\boldsymbol{x} = \boldsymbol{b}, \boldsymbol{x} \geqq \boldsymbol{0}\} \tag{8}$$

symbolisieren.

Die Menge M der zulässigen Lösungen ist mittels des Restriktionssystems (5), (6) erklärt und kann durch die Beziehung

$$M = \{\boldsymbol{x} \mid \boldsymbol{A}\boldsymbol{x} = \boldsymbol{b}, \boldsymbol{x} \geqq \boldsymbol{0}\} \tag{9}$$

beschrieben werden.

Die sich in (8) und (9) ausdrückenden Darstellungsformen veranlassen uns zu der Bemerkung, daß einfache Begriffsbildungen der linearen Optimierung hier als bekannt vorausgesetzt werden. Wir verweisen dazu auf die Literatur, etwa [5, 7]. Auch hinsichtlich der Bezeichnungsweise schließen wir an [5, 7] an.

Vielfach werden anstelle des Vektoroptimierungsproblems (4)—(6) einfach die k linearen Optimierungsaufgaben

$$\left.\begin{aligned} Z_j &= \boldsymbol{c}_j'\boldsymbol{x} \max, \qquad j = 1, 2, \ldots, k \\ \boldsymbol{A}\boldsymbol{x} &= \boldsymbol{b} \\ \boldsymbol{x} &\geqq \boldsymbol{0} \end{aligned}\right\} \tag{10}$$

berechnet. Bezeichnet $\boldsymbol{x}_j{}^*$ eine optimale Lösung der j-ten linearen Optimierungsaufgabe von (10), kann man die Werte sämtlicher k Zielfunktionen für diese Optimallösung ermitteln. Nach Lösung aller k linearen Optimierungsaufgaben (10) erhalten wir so eine *optimale Entscheidungstabelle,* die zweifellos wertvolle Informationen für die Entscheidungsfindung enthält. Aber faktisch wird durch die Berechnung der optimalen Entscheidungstabelle das eigentliche Problem der Vektoroptimierung umgangen. Die ersatzweise Lösung von k linearen Optimierungsaufgaben führt zu keiner Aussage, welche Variante in einer gewissen Hinsicht als optimal anzusehen ist. Vielmehr wird die Auswahl der Verhaltensweise dem Leiter auf der Basis der optimalen Entscheidungstabelle selbst überlassen.

Tabelle 1. Optimale Entscheidungstabelle

	$\boldsymbol{x}_1{}^*$	$\boldsymbol{x}_2{}^*$	…	$\boldsymbol{x}_k{}^*$
$Z_1(\boldsymbol{x})$	$Z_1(\boldsymbol{x}_1{}^*) = Z_1{}^{\max}$	$Z_1(\boldsymbol{x}_2{}^*)$	…	$Z_1(\boldsymbol{x}_k{}^*)$
$Z_2(\boldsymbol{x})$	$Z_2(\boldsymbol{x}_1{}^*)$	$Z_2(\boldsymbol{x}_2{}^*) = Z_2{}^{\max}$	…	$Z_2(\boldsymbol{x}_k{}^*)$
⋮	………………	………………	…	………………
$Z_k(\boldsymbol{x})$	$Z_k(\boldsymbol{x}_1{}^*)$	$Z_k(\boldsymbol{x}_2{}^*)$	…	$Z_k(\boldsymbol{x}_k{}^*) = Z_k{}^{\max}$

Die Berechnung der optimalen Entscheidungstabelle ist sicher immer noch die verbreitetste Methode bei der Optimierung von Aufgaben, die unter mehreren Zielstellungen zu betrachten sind. Das ist aber kaum sachlich zu begründen. Vielmehr läßt sich daraus eine gewisse Unsicherheit hinsichtlich der Methoden erkennen, die man bei der Optimierung unter mehreren Zielen beschreiten kann. Daher gehört es zum Anliegen der Darlegungen dieses Buches, die Möglichkeiten der linearen Vektoroptimierung aufzuzeigen und die Vektoroptimierung als eine praktikable Aufgabenstellung bei ökonomischen Untersuchungen erscheinen zu lassen.

2.2. *Indifferente Optimierungsaufgaben*

Bevor wir den Optimalitätsbegriff für Aufgaben mit mehreren Zielfunktionen zu unserem Untersuchungsgegenstand machen, wollen wir uns zunächst mit speziellen Aufgaben der linearen Vektoroptimierung beschäftigen, bei denen die Optimalität davon unabhängig ist, unter welcher der k Zielstellungen (4) wir sie betrachten. Das ist gleichbedeutend mit der Aussage, daß die k linearen Optimierungsaufgaben (10) eine gemeinsame Optimallösung besitzen. Dann bedarf der Optimalitätsbegriff trotz mehrfacher Zielstellung keiner Begründung. In diesem Falle heißt jede der Aufgaben (10) nach WINTGEN [25, 26] *indifferent* bezüglich der Menge der Zielfunktionen.

Definition 1: *Eine lineare Optimierungsaufgabe*

$$\max \{Z_r \mid \boldsymbol{Ax} = \boldsymbol{b}, \boldsymbol{x} \geqq \boldsymbol{0}\} \tag{11}$$

ist bezüglich einer Menge von Zielfunktionen

$$Z = \{Z_1, Z_2, \ldots, Z_r, \ldots, Z_k\} \tag{12}$$

indifferent, wenn es eine zulässige Lösung

$$\boldsymbol{x}^* \in M = \{\boldsymbol{x} \mid \boldsymbol{Ax} = \boldsymbol{b}, \boldsymbol{x} \geqq \boldsymbol{0}\}$$

gibt, so daß

$$Z_j(\boldsymbol{x}) \leqq Z_j(\boldsymbol{x}^*)$$

für alle $\boldsymbol{x} \in M$ *und alle* $Z_j \in Z$ *gilt.*

Auf Grund dieser Definition können wir die Menge Z als eine *Indifferenzmenge von Zielfunktionen* für die lineare Optimierungsaufgabe (11) bezeichnen. Vielfach werden auch die k Optimierungsaufgaben

$$\max \{Z_j \mid \boldsymbol{Ax} = \boldsymbol{b}, \boldsymbol{x} \geqq \boldsymbol{0}\}, \qquad j = 1, 2, \ldots, k,$$

selbst *indifferent* genannt.

Wir wollen die erklärten Begriffsbildungen für Aufgaben mit zwei Variablen auf der Basis ihres graphischen Lösungsprinzips verdeutlichen.

Beispiel: Es ist leicht einzusehen, daß es lineare Optimierungsaufgaben geben muß, die indifferent bezüglich einer beliebigen Menge von Zielfunktionen sind. Dazu betrachten wir das Restriktionssystem

$$\begin{aligned} x_2 + x_1 &\leqq 10 \\ 2x_2 - x_1 &= 8 \\ x_2 + x_1 &\geqq 2 \\ x_1 \geqq 0, \quad x_2 &\geqq 0 \end{aligned}$$

einer linearen Optimierungsaufgabe, dessen zugehörige Menge M der zulässigen Lösungen in Abb. 3 veranschaulicht ist. Die Menge M enthält offensichtlich nur ein einziges Element (Punkt P von Abb. 3)

$$x_1 = 4, \quad x_2 = 6. \tag{13}$$

Es ist folglich völlig gleichgültig, mit welcher Zielfunktion wir das Restriktionssystem koppeln; stets kann immer nur (13) die Optimallösung sein. Eine Indifferenzmenge von Zielfunktionen ist in diesem Beispiel sogar die Gesamtheit aller linearen (und nichtlinearen) Zielfunktionen. Natürlich entfällt in einem solchen Falle auch der Sinn der Optimierung, da es nur eine einzige zulässige Verhaltensweise gibt, und die Möglichkeit einer optimalen Auswahl praktisch nicht besteht.

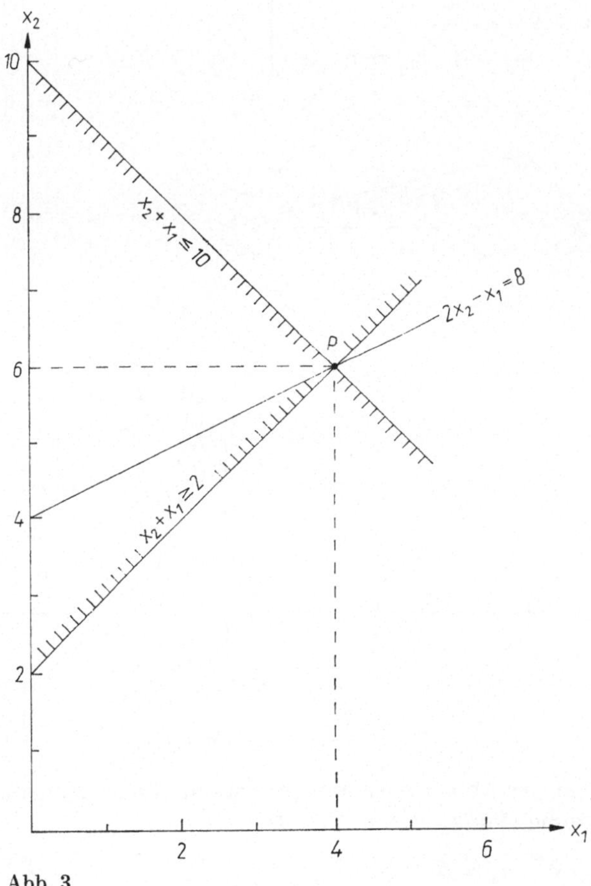

Abb. 3

Beispiel: Die Indifferenz der beiden linearen Optimierungsaufgaben

$$\left.\begin{aligned} Z_1 = x_2 + x_1 \ \max \\ x_2 - x_1 \leqq 4 \\ 4x_2 + x_1 \leqq 26 \\ x_2 + 5x_1 \leqq 35 \\ x_1 \geqq 0, \quad x_2 \geqq 0 \end{aligned}\right\} \tag{14}$$

und

$$\left.\begin{aligned} Z_2 = x_2 + 2x_1 \ \max \\ x_2 - x_1 \leqq 4 \\ 4x_2 + x_1 \leqq 26 \\ x_2 + 5x_1 \leqq 35 \\ x_1 \geqq 0, \quad x_2 \geqq 0 \end{aligned}\right\} \tag{15}$$

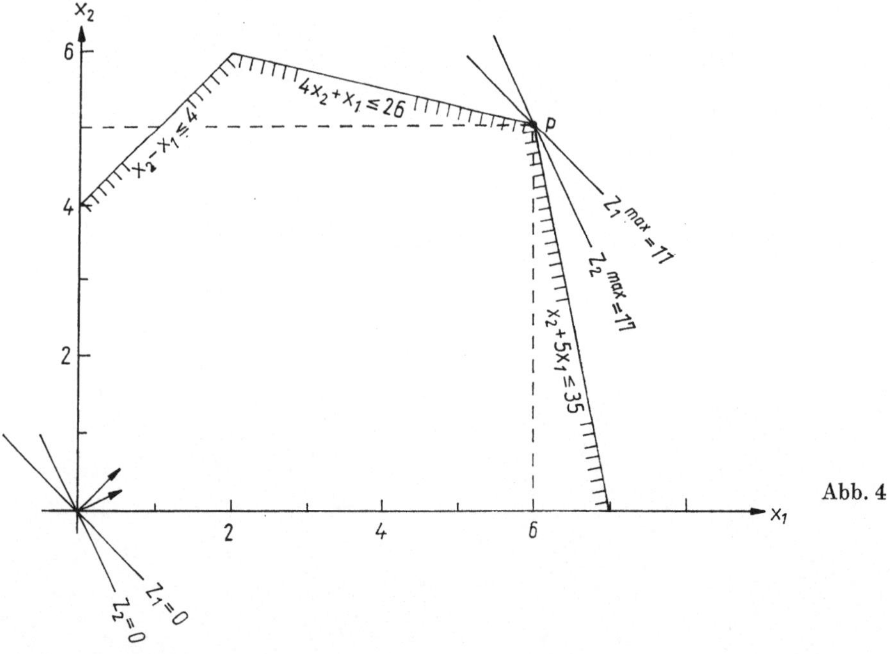

Abb. 4

kann unmittelbar der Abb. 4 entnommen werden. Beide Aufgaben besitzen die optimale Lösung (Punkt P von Abb. 4)

$$x_1 = 6, \quad x_2 = 5.$$

Die aus den Zielfunktionen Z_1 und Z_2 bestehende Menge ist folglich für beide Optimierungsaufgaben (14) und (15) eine Indifferenzmenge von Zielfunktionen.

Dieses Beispiel legt gleichzeitig die Frage nach der größten Indifferenzmenge von Zielfunktionen für eine lineare Optimierungsaufgabe nahe. Es ist klar, daß ihre Kenntnis von grundsätzlicher Bedeutung für den Entscheidungsprozeß ist, falls das lineare Optimierungsmodell Bestandteil der Entscheidungsfindung ist. Die Beantwortung der aufgeworfenen Frage soll in einem einfachen Beispiel verfolgt werden.

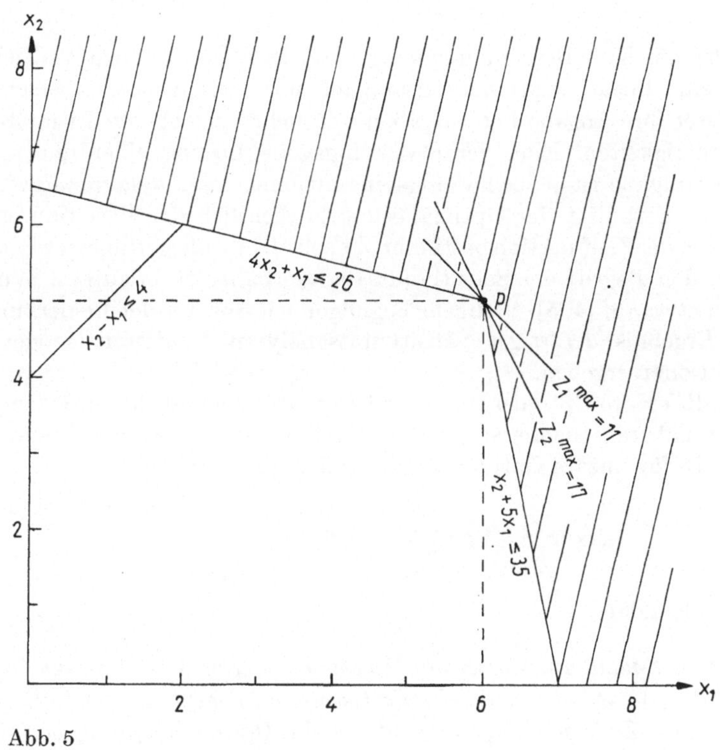

Abb. 5

Beispiel: Wir betrachten die lineare Optimierungsaufgabe (14) mit dem Optimalpunkt $P \sim (6{,}5)$ von Abb. 5 (vgl. mit Abb. 4). Im vorhergehenden Beispiel haben wir erkannt, daß eine Indifferenzmenge aus den Zielfunktionen

$$Z_1 = x_2 + x_1, \quad Z_2 = x_2 + 2x_1$$

besteht. Aber offensichtlich kann jede Zielfunktion in die Indifferenzmenge aufgenommen werden, die auf Grund des graphischen Lösungsprinzips in P die Grenzlage erreicht und ganz in dem in Abb. 5 schraffierten Bereich liegt. Folglich wird die größte Indifferenzmenge von Zielfunktionen für die Aufgabe (14) durch den schraffierten Bereich von Abb. 5 repräsentiert. In diesem Bereich liegen zwangsläufig die Zielfunktionsgeraden

$$x_2 + x_1 = 11,$$

$$x_2 + 2x_1 = 17.$$

So einfach die Bestimmung der größten Indifferenzmenge von Zielfunktionen für eine lineare Optimierungsaufgabe mit zwei Variablen erscheinen mag, bereitet ihre Angabe bei Aufgaben mit mehr Variablen meist unüberwindliche Schwierigkeiten. Eine verantwortungsvolle Lösung einer linearen Optimierungsaufgabe ist jedoch wenigstens mit einer *Sensitivitätsanalyse* verbunden, die die Stabilität der Optimallösung hinsichtlich der Variation eines Koeffizienten der Zielfunktion bestimmt. Es soll nicht Anliegen unserer Betrachtungen sein, den Begriff der Sensitivitätsanalyse näher zu erläutern. Wir verweisen dazu etwa auf [4, 5]. Vielmehr begnügen wir uns mit der Bemerkung, daß sich im Ergebnis derartiger Sensitivitätsanalysen Indifferenzmengen von Zielfunktionen ergeben.

Indifferente Optimierungsaufgaben sind vornehmlich von Wintgen [25, 26] einer näheren theoretischen Untersuchung unterworfen worden. So beweist er z. B. für lineare Optimierungsaufgaben der Struktur

$$\max \{\boldsymbol{c}'\boldsymbol{x} \mid \boldsymbol{A}\boldsymbol{x} \leqq \boldsymbol{b}, \boldsymbol{x} \geqq \boldsymbol{0}\} \tag{16}$$

den folgenden

Satz 1: *Enthält die Matrix der Nebenbedingungen* $\boldsymbol{A}$ *der linearen Optimierungsaufgabe* (16) *in jeder Zeile ein nichtpositives Element, während alle übrigen Elemente der Zeile nichtnegativ sind, ist die Optimierungsaufgabe* (16), *falls sie überhaupt lösbar ist, indifferent bezüglich der Menge aller linearer Zielfunktionen mit nichtpositiven Koeffizienten.*

Dieser Satz liefert wertvolle Aussagen über eine Indifferenzmenge von Zielfunktionen für lineare Optimierungsaufgaben der Struktur (16), die bei zahlreichen ökonomischen Anwendungen auftreten. Eine Erweiterung des Satzes auf lineare Optimierungsaufgaben, bei denen die Nebenbedingungen in Gleichungsform vorliegen müssen, geht auf Bod zurück (siehe dazu auch [26]).

2.3. *Das zulässige Zielgebiet*

Zur Vorbereitung unserer Optimalitätsbetrachtungen für Aufgaben der Vektoroptimierung führen wir den Begriff des zulässigen Zielgebietes ein. Dazu ordnen wir jeder zulässigen Lösung $\boldsymbol{x} \in M$ einen Zielfunktionenvektor

$$\boldsymbol{Z} = (Z_1, Z_2, \ldots, Z_k)$$

zu. Die Komponenten von $\boldsymbol{Z}$ ergeben sich durch Berechnung der Werte $Z_j = Z_j(\boldsymbol{x})$ der k Zielfunktionen für die betrachtete zulässige Lösung $\boldsymbol{x}$.

Lassen wir $\boldsymbol{x}$ die Gesamtheit aller zulässigen Lösungen durchlaufen, werden die Werte jeder Zielfunktion Z_j in einem Intervall

$$Z_j^{\min} \leqq Z_j \leqq Z_j^{\max}, \qquad j = 1, 2, \ldots, k \tag{17}$$

liegen. Dabei ist möglich und zulässig, daß die Intervalle (17) nach einer Seite oder auch nach beiden Seiten nicht beschränkt sind.

Definition 2: *Durchläuft $\boldsymbol{x}$ die Gesamtheit aller zulässigen Lösungen, wird im k-dimensionalen Raum der Zielfunktionswerte durch* (17) *ein Bereich W erklärt, der zulässiges Zielgebiet heißt.*

Anschaulich können wir uns diese Gedankengänge an Hand von Abb. 6 für Aufgaben mit zwei Variablen x_1, x_2, die unter zwei Zielen Z_1, Z_2 zu betrachten sind, verdeutlichen. Die Menge M der zulässigen Lösungen ist in der x_1,x_2-Ebene gelegen. Das zulässige Zielgebiet W ist ein Rechteck (von zulässigen Unbeschränktheiten sehen wir hier ab) in der Z_1,Z_2-Ebene. Entsprechend der Zuordnung

$$\boldsymbol{x} \in M \Rightarrow \boldsymbol{Z} = \big(Z_1(\boldsymbol{x}), Z_2(\boldsymbol{x})\big) \in W$$

sind die Bilder jeder zulässigen Lösung $\boldsymbol{x}$ im zulässigen Zielgebiet W gelegen. Man beachte jedoch, daß daraus keineswegs gefolgert werden darf, daß auch umgekehrt jedem Punkt aus W ein Urbild $\boldsymbol{x}$ aus M entspricht. Vielmehr wird das sogar nur in Ausnahmefällen erfüllt sein.

Für das zulässige Zielgebiet W können wir noch eine andere Darstellung geben. Bezeichnen wir nämlich die Wertebereiche der Zielfunktionen $Z_j(\boldsymbol{x})$ für $\boldsymbol{x} \in M$ mit W_j,

$$W_j = [\min \{Z_j(\boldsymbol{x}) \mid \boldsymbol{x} \in M\}, \quad \max \{Z_j(\boldsymbol{x}) \mid x \in M\}],$$

läßt sich die Menge W als Produktmenge dieser Wertebereiche schreiben (zur Begriffsbildung der Produktmenge sei etwa auf [6] verwiesen)

$$W = W_1 \times W_2 \times \cdots \times W_k.$$

In der Literatur (s. etwa [24]) spricht man meist nur vom Zielgebiet. Wir haben den Zusatz „zulässig“ gewählt, da wir in 2.8 noch ein praktisches Zielgebiet erklären werden. Außerdem sind gegebenenfalls auch begriffliche Unterschiede zu beachten. So versteht man unter dem Zielgebiet häufig die Teilmenge unserer Menge W, für die auch umgekehrt jedem Element wenigstens ein Urbild in M entspricht.

Die Betrachtung von Abb. 6 zeigt, daß der günstigste Punkt des zulässigen Zielgebietes W der Punkt T^* ist, in dem beide Zielfunktionen ihren maximalen Wert annehmen. Aber T^* hat nur dann ein Urbild in M, wenn die beiden linearen Optimierungsaufgaben

$$\max \{Z_1(\boldsymbol{x}) \mid \boldsymbol{A}\boldsymbol{x} = \boldsymbol{b}, \boldsymbol{x} \geqq \boldsymbol{0}\} \tag{18}$$

und

$$\max \{Z_2(\boldsymbol{x}) \mid \boldsymbol{A}\boldsymbol{x} = \boldsymbol{b}, \boldsymbol{x} \geqq \boldsymbol{0}\} \tag{19}$$

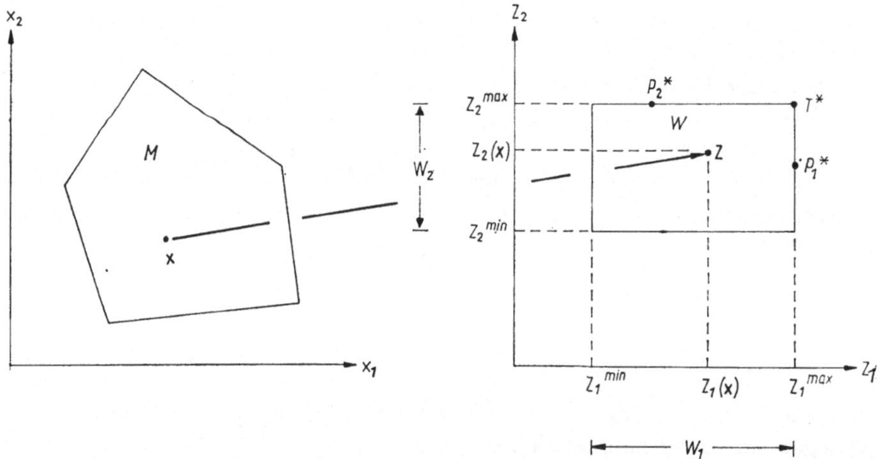

Abb. 6

indifferent sind. Im allgemeinen wird einer optimalen Lösung $\boldsymbol{x}_1^*$ von (18) ein Punkt $P_1^* \in W$ und einer optimalen Lösung $\boldsymbol{x}_2^*$ von (19) ein anderer Punkt $P_2^* \in W$ (beachte Abb. 6) entsprechen. Die Punkte P_1^* und P_2^* repräsentieren geometrisch die in einer optimalen Entscheidungstabelle (s. 2.1) enthaltenen Informationen. Das unterstreicht, wie gering die Aussagen über das Problem der Vektoroptimierung sind, wenn man den Entscheidungsprozeß allein auf die Kenntnis der optimalen Entscheidungstabelle stützt.

2.4. *Der Begriff des Vektoroptimums*

Die Lösung der linearen Vektoroptimierungsaufgabe (1)—(3) kann mit der Suche nach geeigneten *Kompromißlösungen* verglichen werden, die die mehrfachen Zielsetzungen in einer noch zu begründenden Weise berücksichtigen. Ein Optimalitätsbegriff der Vektoroptimierung erscheint so als Bestandteil einer entsprechenden *Kompromißtheorie.*

Wir werden in diesem Abschnitt zunächst das *Vektoroptimum* formulieren und in 2.8, 2.9 eine weitere Kompromißtheorie entwickeln. Dazu führen wir vorbereitend den Begriff der *Kompromißlösung* einer linearen Vektoroptimierungsaufgabe

$$\max \{\boldsymbol{Z} \mid \boldsymbol{A}\boldsymbol{x} = \boldsymbol{b}, \boldsymbol{x} \geqq \boldsymbol{0}\}$$

ein, für die in der Literatur auch vielfach die Bezeichnung *effiziente Lösung* verwendet wird. Unter der Kompromißlösung einer linearen Vektoroptimierungsaufgabe verstehen wir eine zulässige Lösung, die die mehrfachen Zielstellungen im Sinne des erklärten Kompromisses befriedigt. So begründet sich der Begriff der Kompromißlösung als Bestandteil einer Kompromißtheorie.

Die einfachste Möglichkeit für die Entwicklung einer Kompromißtheorie ist die Erklärung einer *Ersatzzielfunktion* $\tilde{Z}$, die auf der Basis k Zielfunktionen $Z_1, Z_2, \ldots, Z_k$ der linearen Vektoroptimierunsaufgabe (z. B. durch gewichtete Addition) gebildet wird. Jede Optimallösung der linearen Optimierungsaufgabe

$$\max \{\tilde{Z} \mid \boldsymbol{A}\boldsymbol{x} = \boldsymbol{b}, \boldsymbol{x} \geqq \boldsymbol{0}\}$$

kann dann als Kompromißlösung der linearen Vektoroptimierungsaufgabe angesehen werden. In der Praxis wird dieser Weg zweifellos sehr häufig beschritten, obwohl ihm bisweilen weniger die Suche nach einem begründeten Kompromiß als vielmehr die einfache Zurückführung des Vektoroptimierungsproblems auf eine Aufgabe mit einer einzigen Zielfunktion zugrunde liegt. Wir wollen diese Art des Kompromisses hier nicht weiter verfolgen. Jedoch werden auch von uns später Ersatzzielfunktionen bei der Auswahl eines optimalen Kompromisses betrachtet.

Der Optimalitätsbegriff der Vektoroptimierung wählt in der Menge M solche zulässigen Lösungen aus, zu denen es keine anderen zulässigen Lösungen gibt, die für alle Ziele besser oder doch wenigstens gleich sind.

Definition 3: *Jede zulässige Lösung* $\hat{\boldsymbol{x}} \in M$ *heißt eine vektoroptimale Kompromißlösung, falls kein Vektor* $\boldsymbol{x} \in M$ *existiert, der den Bedingungen*

$$\left.\begin{array}{ll} Z_j(\boldsymbol{x}) \geqq Z_j(\hat{\boldsymbol{x}}) & \textit{für alle } j = 1, 2, \ldots, k \\ Z_j(\boldsymbol{x}) > Z_j(\hat{\boldsymbol{x}}) & \textit{für wenigstens ein } j \end{array}\right\} \qquad (20)$$

genügt.

Eine solche Definition des Vektoroptimums erscheint durchaus begründet. Jedes Ziel wird völlig gleichwertig betrachtet. Bei dieser vektoroptimalen Kompromißtheorie wird eine zulässige Lösung $\boldsymbol{x}' \in M$ als verbesserungsfähig angesehen, wenn es eine zulässige Lösung $\boldsymbol{x}''$ gibt, für die sich alle Zielfunktionswerte nicht verkleinern, jedoch für wenigstens einen Zielfunktionswert eine Vergrößerung eintritt (Abb. 7). Die vektoroptimalen Kompromißlösungen sind folglich zulässige Lösungen, die im Sinne der Kompromißtheorie nicht mehr verbessert werden können.

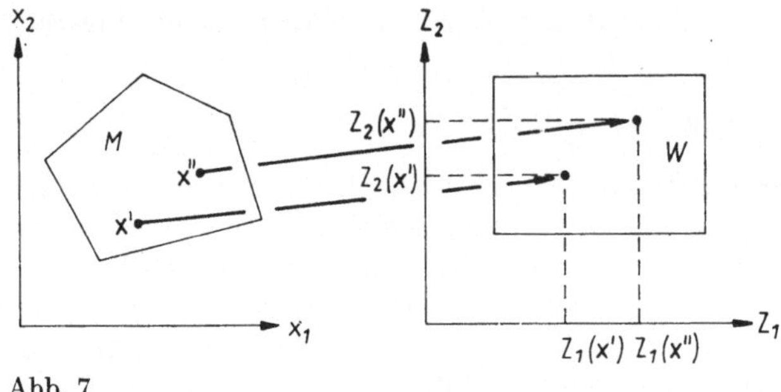

Abb. 7

In der Literatur wird das Vektoroptimum auch vielfach PARETO-*Optimum* genannt, weil bereits lange vor Entwicklung der mathematischen Optimierungstheorie PARETO einen Optimalitätsbegriff erklärt hat, der auf mehreren Zielen basiert. Ebenso spricht man vom PARETO-*Kompromiß*. Die *Menge der vektoroptimalen Kompromißlösungen* heißt auch PARETO-*Menge* oder *Menge der effizienten Lösungen.*

Die Bedingungen (20) lassen sich in Vektorschreibweise durch die Vektorbeziehungen

$$\boldsymbol{Z}(\boldsymbol{x}) \geqq \boldsymbol{Z}(\hat{\boldsymbol{x}}) \tag{21}$$

$$\boldsymbol{Z}(\boldsymbol{x}) \neq \boldsymbol{Z}(\hat{\boldsymbol{x}}) \tag{22}$$

ausdrücken. In der Literatur wird bisweilen nur die Vektorungleichung (21) formuliert und auf die Forderung (22) verzichtet. Man beachte aber, daß die Existenz eines Vektors $\boldsymbol{x} \in M$ mit $\boldsymbol{Z}(\boldsymbol{x}) = \boldsymbol{Z}(\hat{\boldsymbol{x}})$ keineswegs ausreichen kann, um $\hat{\boldsymbol{x}}$ nicht als vektoroptimale Kompromißlösung zu bezeichnen.

2.5. *Vektoroptimum und parametrische Optimierung*

Bei unseren bisherigen Überlegungen ist offen geblieben, wie wir die Menge der vektoroptimalen Kompromißlösungen bestimmen können. Ja, wir wissen noch nicht einmal, ob es derartige Kompromißlösungen überhaupt gibt. Die

Beantwortung dieser Fragen kann durch die parametrische Optimierung erfolgen, da sich das Problem des Vektoroptimums auf eine Aufgabe der parametrischen Optimierung zurückführen läßt.

Satz 2: *Eine zulässige Lösung* $\hat{\boldsymbol{x}} \in M$ *ist genau dann eine vektoroptimale Kompromißlösung, wenn* $\hat{\boldsymbol{x}}$ *zugleich Optimallösung der linearen mehrparametrischen Optimierungsaufgabe*

$$\left.\begin{aligned} Z(\boldsymbol{x}) &= t_1 Z_1(\boldsymbol{x}) + t_2 Z_2(\boldsymbol{x}) + \cdots + t_k Z_k(\boldsymbol{x}) \max \\ \boldsymbol{A}\boldsymbol{x} &= \boldsymbol{b} \\ \boldsymbol{x} &\geqq 0 \end{aligned}\right\} \tag{23}$$

ist, wobei die Parameter $t_1, t_2, \ldots, t_k$ *den Bedingungen*

$$\left.\begin{aligned} &t_j > 0, \quad j = 1, 2, \ldots, k \\ &t_1 + t_2 + \cdots + t_k = 1 \end{aligned}\right\} \tag{24}$$

zu genügen haben.

Dieser Satz, der in der Literatur auch vielfach *Effizienztheorem* genannt wird, sichert eine vollständige Äquivalenz zwischen der PARETO-Menge und den Lösungen der parametrischen Optimierungsaufgabe (23), (24). Die Lösung der parametrischen Optimierungsaufgabe (23), (24) gibt uns die Möglichkeit der Bestimmung der PARETO-Menge, und jede vektoroptimale Kompromißlösung kann durch die zugehörigen Werte des Parametersystems $t_1, t_2, \ldots, t_k$ charakterisiert werden. Zum Beweis von Satz 2 sei auf [11, 12] verwiesen.

Fassen wir das Parametersystem als Komponenten eines Parametervektors $\boldsymbol{t}$ auf, läßt sich die parametrische Optimierungsaufgabe in der Form

$$\max \{\boldsymbol{t}'\boldsymbol{Z} \mid \boldsymbol{A}\boldsymbol{x} = \boldsymbol{b}, \boldsymbol{x} \geqq \boldsymbol{0}\} \tag{25}$$

mit

$$\boldsymbol{t} > \boldsymbol{0}, \quad t_1 + t_2 + \cdots + t_k = 1 \tag{26}$$

darstellen. Dabei soll $\boldsymbol{t} > \boldsymbol{0}$ genau dann gelten, wenn $t_j > 0$ für alle $j = 1, 2, \ldots, k$ ist.

Die Zielfunktion Z der parametrischen Optimierungsaufgabe (23) wird wegen (24) als streng konvexe Linearkombination der k Zielfunktionen $Z_1, Z_2, \ldots, Z_k$ unserer Aufgabe der Vektoroptimierung gebildet.

Liegen nur zwei Ziele vor ($k = 2$), läßt sich das parametrische Optimierungsproblem (23), (24) bekanntlich (vgl. etwa [7]) durch

$$\left.\begin{aligned} Z(\boldsymbol{x}) &= t Z_1(\boldsymbol{x}) + (1 - t)\, Z_2(\boldsymbol{x}) \max \\ \boldsymbol{A}\boldsymbol{x} &= \boldsymbol{b} \\ \boldsymbol{x} &\geqq \boldsymbol{0} \end{aligned}\right\} \tag{27}$$

mit

$$0 < t < 1 \tag{28}$$

ausdrücken. Es handelt sich dann um eine Aufgabe der linearen einparametrischen Optimierung.

2.6. *Einige Aussagen über parametrische Optimierungsaufgaben*

Durch die vorangegangenen Betrachtungen ist die Bestimmung der PARETO-Menge auf die Lösung einer linearen parametrischen Optimierungsaufgabe zurückgeführt worden. Um dieses Vorgehen in einem Beispiel verfolgen zu können, benötigen wir einige Ergebnisse aus der Theorie der parametrischen Optimierung, die wir zu unserer Verständigung hier kurz zusammenstellen wollen. Dabei beschränken wir uns auf den Fall des Vorliegens von zwei Zielen und folglich auf die Betrachtung von einparametrischen linearen Optimierungsaufgaben. Hinsichtlich der mehrparametrischen Optimierung sei auf [4, 23] verwiesen. Bei unseren Darlegungen knüpfen wir an die Darstellungsweise in [5, 7] an.

Vorgelegt sei die lineare einparametrische Optimierungsaufgabe

$$\left.\begin{array}{l} Z = (c_{01} + c_{11}t)\,x_1 + (c_{02} + c_{12}t)\,x_2 + \cdots \\ \qquad + (c_{0n} + c_{1n}t)\,x_n \max \\ a_{11}x_1 + a_{12}x_2 + \cdots + a_{1n}x_n = b_1 \\ a_{21}x_1 + a_{22}x_2 + \cdots + a_{2n}x_n = b_2 \\ \cdots\cdots\cdots\cdots\cdots\cdots\cdots\cdots\cdots \\ a_{m1}x_1 + a_{m2}x_2 + \cdots + a_{mn}x_n = b_m \\ x_i \geqq 0, \quad i = 1, 2, \ldots, n. \end{array}\right\} \tag{29}$$

Der Parameter t darf beliebige reelle Werte innerhalb eines Parameterintervalles T durchlaufen. Die parametrische Optimierungsaufgabe (29) können wir auch durch

$$\max \{(\boldsymbol{c}_0' + \boldsymbol{c}_1' t)\,\boldsymbol{x} \mid \boldsymbol{A}\boldsymbol{x} = \boldsymbol{b}, \boldsymbol{x} \geqq \boldsymbol{0}, t \in T\} \tag{30}$$

charakterisieren.

Von grundsätzlicher Bedeutung ist in der parametrischen Optimierung der Begriff des *charakteristischen Bereiches*. Darunter verstehen wir ein Parameterintervall $t_s \leqq t \leqq t_{s+1}$ aus T, in dem die Aufgabe (30) dieselbe Optimallösung besitzt. Überschreitet t die Intervallgrenzen, so ändert sich auch die Optimallösung oder die Aufgabe wird unlösbar. Die Intervallgrenzen t_s, t_{s+1} heißen *charakteristische Punkte*.

Für die parametrische Optimierungsaufgabe (30) lassen sich folgende Aussagen herleiten:

1. Es gibt höchstens endlich viele charakteristische Punkte.
2. Ist die Aufgabe für wenigstens einen Wert von $t \in T$ lösbar, und ist T ein endliches Parameterintervall, füllt die Gesamtheit der charakteristischen Bereiche die Parametermenge T entweder vollständig aus oder sie bildet ein Teilintervall aus T, das auch in einem Punkt entarten darf.
3. Ist die Menge der zulässigen Lösungen nicht leer und beschränkt, besitzt die Aufgabe für jeden Wert $t \in T$ eine optimale Lösung.
4. In einem charakteristischen Punkt t_s, der zwei charakteristische Bereiche

$$t_{s-1} \leqq t \leqq t_s, \quad t_s \leqq t \leqq t_{s+1}$$

begrenzt, besitzt die Aufgabe sowohl die Optimallösung des linken als auch des rechten charakteristischen Bereiches. Folglich ist auch jede konvexe Linearkombination dieser beiden Optimallösungen eine optimale Lösung der parametrischen Optimierungsaufgabe für $t = t_s$.

Mit Rücksicht auf die Betrachtungen in 2.7 wollen wir die letzte Aussage noch einer Interpretation unterziehen. Die Optimallösung des Parameterintervalls $t_{s-1} \leqq t \leqq t_s$ bezeichnen wir mit $\boldsymbol{x}_{s-1}^*$. Ebenso sei $\boldsymbol{x}_s{}^*$ die Optimallösung für $t_s \leqq t \leqq t_{s+1}$. Beide Optimallösungen sind von t unabhängig. Für $t = t_s$ ergeben sich die Optimallösungen

$$\lambda \boldsymbol{x}_{s-1}^* + (1 - \lambda)\, \boldsymbol{x}_s{}^*, \quad 0 \leqq \lambda \leqq 1, \tag{31}$$

wobei λ einen neuen Parameter bezeichnet, der die konvexe Linearkombination beschreibt. Dieses Ergebnis ist in Abb. 8 für die Komponente x_1 veranschaulicht. Auf der t-Achse sind die beiden charakteristischen Bereiche veranschau-

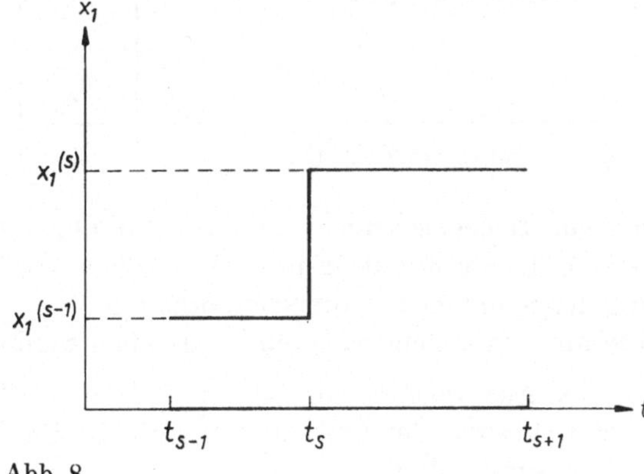

Abb. 8

licht. Bezeichnen wir die erste Komponente der Vektoren $\boldsymbol{x}_{s-1}^*$, $\boldsymbol{x}_s^*$ mit $x_1^{(s-1)}$ bzw. $x_1^{(s)}$, ergibt sich für x_1 ein Funktionsverlauf, der in jedem charakteristischen Bereich durch ein horizontales Geradenstück dargestellt wird. Für $t = t_s$ sind alle Zwischenwerte von $x_1^{(s-1)}$ und $x_1^{(s)}$ mögliche Variablenwerte von x_1.

Zur numerischen Lösung der parametrischen Optimierungsaufgabe setzen wir die Kenntnis einer zulässigen Basislösung voraus. Ihre Basisvariablen bezeichnen wir mit $x_{s_1}, x_{s_2}, \ldots, x_{s_m}$, ihre Nichtbasisvariablen mit x_j, $j \in I$, wobei I die Indexmenge der Nichtbasisvariablen ist. Die Nebenbedingungen der Aufgabe werden in die Gestalt

$$x_{s_i} + \sum_{j \in I} d_{ij} x_j = d_i, \quad i = 1, 2, \ldots, m \tag{32}$$

umgeformt. Die Zielfunktion wird in Abhängigkeit von den Nichtbasisvariablen ausgedrückt

$$Z = \bar{c}_0 - \sum_{j \in I} (\bar{c}_{0j} + \bar{c}_{1j} t)\, x_j. \tag{33}$$

Die Eintragung der Daten erfolgt in ein Rechenschema, dessen Struktur im Rechenschema 1 angeführt ist. Q bezeichnet die Quotientenspalte, der sich die —↑-Spalte anschließt.

Rechenschema 1

BV	x_1 x_2 .... x_n	x_0	Q	—↑
x_{s_1}		d_1		
x_{s_2}	Koeffizienten der Nebenbedingungen aus (32)	d_2		
⋮		⋮		
x_{s_m}		d_m		
*	Koeffizienten von Z aus (33)	$\bar{c}_0$	*	

Die ersten m Zeilen von Rechenschema 1 sind von t unabhängig. Nur die Zielfunktionszeile ist eine lineare Funktion in t. Diese Eigenschaften bleiben auch nach Ausführung der Simplextransformation erhalten.

Der Rechenablauf kann grob folgendermaßen beschrieben werden:

1. Untersuchung, ob das Ausgangstableau bereits für einen Wert $t^* \in T$ optimal ist. Ansonsten Lösung der Optimierungsaufgabe für irgendeinen Wert aus dem Parameterintervall T.

2. Ermittlung des charakteristischen Bereiches $[t_0, t_1]$, der diesen Wert t^* enthält.
3. Fortsetzung des Rechenprozesses für $t > t_1$ bzw. $t < t_0$, falls t_0 bzw. t_1 zu T gehört.

2.7. *Numerische Bestimmung der vektoroptimalen Kompromißmenge*

Bevor wir einige allgemeine Aussagen zur numerischen Ermittlung der PARETO-Menge mit Hilfe parametrischer Optimierung anschließen, soll zunächst der Lösungsweg für ein einfaches Beispiel erläutert werden.

Beispiel: Vorgelegt sei die Aufgabe der linearen Vektoroptimierung

$$\left.\begin{aligned} Z_1 &= 5x_1 + x_2 \ \max \\ Z_2 &= x_1 + 6x_2 \ \max \\ -2x_1 + 3x_2 &\leqq 15 \\ x_1 + 3x_2 &\leqq 24 \\ 4x_1 + 3x_2 &\leqq 42 \\ x_1 &\leqq 9 \\ x_1, x_2 &\geqq 0, \end{aligned}\right\} \tag{34}$$

deren Menge der zulässigen Lösungen in Abb. 9 veranschaulicht ist. Der Optimallösung unter dem Einzelziel Z_1 entspricht der Punkt $P_1 \sim (9{,}2)$, und der Optimallösung unter dem alleinigen Ziel Z_2 entspricht $P_2 \sim (3{,}7)$.

Zur Ermittlung der PARETO-Menge haben wir wegen (27) eine streng konvexe Linearkombination der beiden Einzelziele zu bilden:

$$\begin{aligned} Z &= tZ_1 + (1 - t)\, Z_2 \\ &= t(5x_1 + x_2) + (1 - t)\,(x_1 + 6x_2) \\ &= (1 + 4t)\, x_1 + (6 - 5t)\, x_2. \end{aligned}$$

Bei gleichzeitigem Übergang zur Normalform in den Nebenbedingungen von (34) lautet die zu lösende parametrische Optimierungsaufgabe

$$\begin{aligned} Z = (1 + 4t)\, x_1 + (6 - 5t)\, x_2 & \quad \max \\ -2x_1 + 3x_2 + x_3 \qquad\qquad\qquad &= 15 \\ x_1 + 3x_2 \qquad + x_4 \qquad\qquad &= 24 \\ 4x_1 + 3x_2 \qquad\qquad + x_5 \qquad &= 42 \\ x_1 \qquad\qquad\qquad\qquad + x_6 &= 9 \\ x_i \geqq 0, \quad i = 1, 2, \dots, 6. & \end{aligned}$$

Als Parameterintervall ist $T = (0,1)$ zu betrachten. Eine erste zulässige Basislösung ist

$$x' = (0, 0, 15, 24, 42, 9)$$

mit den Basisvariablen x_3, x_4, x_5, x_6. Der Lösungsprozeß der Aufgabe mittels der gewöhnlichen Simplexmethode wird im Rechenschema 2 festgehalten. Hinsichtlich der Darstellungsweise schließen wir an [5, 7] an.

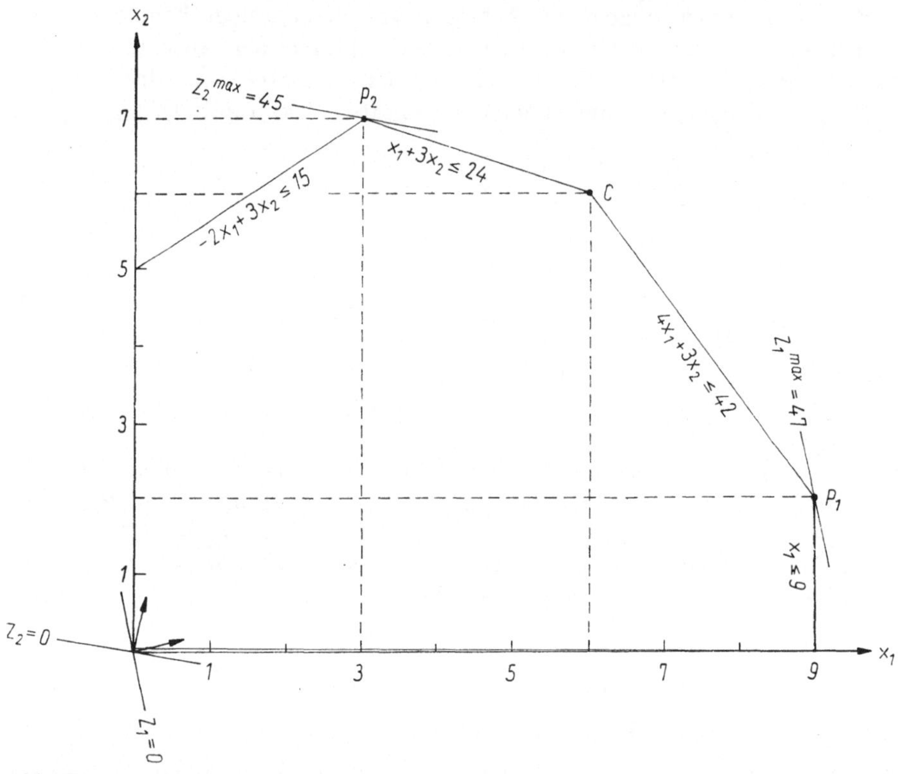

Abb. 9

Das erste Tableau ist für keinen Wert von t optimal; denn die Ungleichungen

$$-1 - 4t \geqq 0, \qquad -6 + 5t \geqq 0$$

besitzen die Lösungen

$$t \leqq -\frac{1}{4}, \qquad t \geqq \frac{6}{5}$$

und haben folglich für keinen Wert $t \in T$ eine gemeinsame Lösung. Wir setzen den Lösungsprozeß unter der Annahme $t = 0$ fort (das widerspricht

Rechenschema 2

	BV	x_1	x_2	x_3	x_4	x_5	x_6	x_0	Q	$-\uparrow$
←	x_3	−2	③	1	0	0	0	15	5	
	x_4	1	3	0	1	0	0	24	8	−3
	x_5	4	3	0	0	1	0	42	14	−3
	x_6	1	3	0	0	0	1	9		0
	*	$-1-4t$	$-6+5t\uparrow$	0	0	0	0	0	*	$6-5t$
→	x_2	$-\frac{2}{3}$	1	$\frac{1}{3}$	0	0	0	5		$\frac{2}{3}$
←	x_4	③	0	−1	1	0	0	9	3	
	x_5	6	0	−1	0	1	0	27	$\frac{9}{2}$	−6
	x_6	1	0	0	0	0	1	9	9	−1
	*	$-5-\frac{2}{3}t \uparrow$	0	$2-\frac{5}{3}t$	0	0	0	$30-25t$	*	$5+\frac{2}{3}t$
	x_2	0	1	$\frac{1}{9}$	$\frac{2}{9}$	0	0	7	63	$-\frac{1}{9}$
→	x_1	1	0	$-\frac{1}{3}$	$\frac{1}{3}$	0	0	3		$\frac{1}{3}$
←	x_5	0	0	①	−2	1	0	9	9	
	x_6	0	0	$\frac{1}{3}$	$-\frac{1}{3}$	0	1	6	18	$-\frac{1}{3}$
	*	0	0	$\frac{1}{3}-\frac{17}{9}t \uparrow$	$\frac{5}{3}+\frac{2}{9}t$	0	0	$45-23t$	*	$-\frac{1}{3}+\frac{17}{9}t$

Rechenschema 2 (Fortsetzung)

	BV	x_1	x_2	x_3	x_4	x_5	x_6	x_0	Q	$-\uparrow$
	x_2	0	1	0	$\frac{4}{9}$	$-\frac{1}{9}$	0	6	$\frac{27}{2}$	$-\frac{4}{9}$
	x_1	1	0	0	$-\frac{1}{3}$	$\frac{1}{3}$	0	6		$\frac{1}{3}$
→	x_3	0	0	1	-2	1	0	9		2
←	x_6	0	0	0	$\boxed{\frac{1}{3}}$	$-\frac{1}{3}$	1	3	9	
	*	0	0	0	$\frac{7}{3}-\frac{32}{9}t$ ↑	$-\frac{1}{3}+\frac{17}{9}t$	0	$42-6t$	*	$-\frac{7}{3}+\frac{32}{9}t$
	x_2	0	1	0	0	$\frac{1}{3}$	$-\frac{4}{3}$	2		
	x_1	1	0	0	0	0	1	9		
	x_3	0	0	1	0	-1	6	27		
→	x_4	0	0	0	1	-1	3	9		
	*	0	0	0	0	$2-\frac{5}{3}t$	$-7+\frac{32}{3}t$	$21+26t$	*	

keineswegs dem allgemeinen Lösungsgedanken, obwohl $t = 0$ nicht zu T gehört), wodurch die zweite Spalte zur Pfeilspalte wird.

Das zweite Tableau ist weder für $t = 0$ noch für einen anderen Wert $t \geqq 0$ optimal. Für $t = 0$ ist die Optimalitätsbedingung in der ersten Spalte verletzt, die dadurch zur Pfeilspalte wird.

Das dritte Tableau ist optimal, falls die Ungleichungen

$$\frac{1}{3} - \frac{17}{9} t \geqq 0, \quad \frac{5}{3} + \frac{2}{9} t \geqq 0$$

für gewisse Werte von t gemeinsame Lösungen besitzen. Das ist offenbar für

$$-\frac{15}{2} \leqq t \leqq \frac{3}{17}$$

erfüllt. Wir haben damit den ersten charakteristischen Bereich der parametrischen Optimierungsaufgabe gefunden. Die Fortsetzung der Rechnung im nächsten Simplexschritt erfolgt unter der Voraussetzung $t \geqq \frac{3}{17}$.

Im vierten Tableau ist die Optimalitätsbedingung unter der Voraussetzung $t \geqq \frac{3}{17}$ erfüllt, wenn die Ungleichung

$$\frac{7}{3} - \frac{32}{9} t \geqq 0,$$

d. h. $t \leqq \frac{21}{32}$ gilt. Damit hat sich als neuer charakteristischer Bereich

$$\frac{3}{17} \leqq t \leqq \frac{21}{32}$$

ergeben. Die Fortsetzung des Rechenprozesses erfolgt unter der Annahme $t \geqq \frac{21}{32}$.

Das letzte Tableau ist für $t \geqq \frac{21}{32}$ optimal, falls

$$2 - \frac{5}{3} t \geqq 0,$$

also $t \leqq \frac{6}{5}$ gilt. Der neue charakteristische Bereich ist

$$\frac{21}{32} \leqq t \leqq \frac{6}{5}.$$

Der Lösungsprozeß kann abgebrochen werden, da wir das Parameterintervall $T = (0, 1)$ bereits überschritten haben. Die Ergebnisse des Lösungsprozesses der parametrischen Optimierungsaufgabe sind in der Ergebnistabelle angeführt.

Tabelle 2. Ergebnistabelle

charakteristischer Bereich	optimale Lösung					
	x_1	x_2	x_3	x_4	x_5	x_6
$-\frac{15}{2} \leqq t \leqq \frac{3}{17}$	3	7	0	0	9	6
$\frac{3}{17} \leqq t \leqq \frac{21}{32}$	6	6	9	0	0	3
$\frac{21}{32} \leqq t \leqq \frac{6}{5}$	9	2	27	9	0	0

Nach den Überlegungen in 2.5 entspricht jeder Optimallösung der parametrischen Optimierungsaufgabe für $t \in T$ eine vektoroptimale Kompromißlösung. Folglich ergibt sich aus Tabelle 2 die Pareto-Menge von Tabelle 3. Dabei ist zu beachten, daß in den charakteristischen Punkten

$$t_1 = \frac{3}{17}, \qquad t_2 = \frac{21}{32}$$

auch jede konvexe Linearkombination der Optimallösungen des linken und rechten charakteristischen Bereiches eine Optimallösung darstellt. So folgt für $t = \frac{3}{17}$ entsprechend (31)

$$\begin{aligned}
\hat{x}_1 &= 3\lambda + (1 - \lambda)\, 6 = 6 - 3\lambda \\
\hat{x}_2 &= 7\lambda + (1 - \lambda)\, 6 = 6 + \lambda \\
\hat{x}_3 &= 0\lambda + (1 - \lambda)\, 9 = 9 - 9\lambda \\
\hat{x}_4 &= 0\lambda + (1 - \lambda)\, 0 = 0 \\
\hat{x}_5 &= 9\lambda + (1 - \lambda)\, 0 = 9\lambda \\
\hat{x}_6 &= 6\lambda + (1 - \lambda)\, 3 = 3 + 3\lambda .
\end{aligned}$$

Dabei gilt $0 \leqq \lambda \leqq 1$. Analog berechnen sich die zu $t = \frac{21}{32}$ gehörigen Optimallösungen.

Tabelle 3. Vektoroptimale Kompromißlösungen, $0 \leqq \lambda \leqq 1$

Parameterwert	vektoroptimale Kompromißlösung					
	$\hat{x}_1$	$\hat{x}_2$	$\hat{x}_3$	$\hat{x}_4$	$\hat{x}_5$	$\hat{x}_6$
$0 < t \leqq \frac{3}{17}$	3	7	0	0	9	6
$t = \frac{3}{17}$	$6-3\lambda$	$6+\lambda$	$9-9\lambda$	0	9λ	$3+3\lambda$
$\frac{3}{17} \leqq t \leqq \frac{21}{32}$	6	6	9	0	0	3
$t = \frac{21}{32}$	$9-3\lambda$	$2+4\lambda$	$27-18\lambda$	$9-9\lambda$	0	3λ
$\frac{21}{32} \leqq t < 1$	9	2	27	9	0	0

Für die Aufgabe (34) ist die PARETO-Menge in Abb. 10 veranschaulicht (vgl. mit Abb. 9). Sie besteht aus zwei Abschnitten des Randes der Menge der zulässigen Lösungen M, und zwar den beiden Abschnitten P_2C und CP_1. P_1 repräsentiert die Optimallösung unter dem Einzelziel Z_1 und P_2 die Optimallösung für Z_2.

Die Ergebnisse des Beispiels tragen allgemeine Züge. Die PARETO-Menge muß grundsätzlich auf dem Rand von M liegen, da sich jeder innere Punkt von M hinsichtlich beider Ziele verbessern ließe und folglich auch nicht vektor-

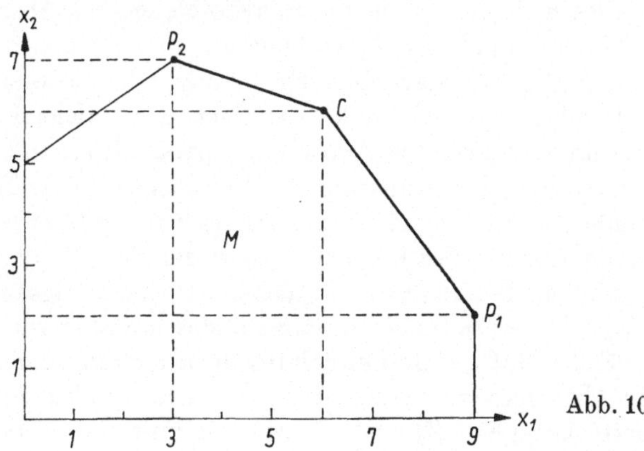

Abb. 10

optimal sein kann. Sehen wir von dem Fall der Ausartung ab, besitzt die parametrische Optimierungsaufgabe in jedem charakteristischen Punkt, der zu $T = (0, 1)$ gehört, zwei verschiedene optimale zulässige Basislösungen, denen verschiedene benachbarte Eckpunkte von M entsprechen. Die konvexe Linearkombination wird geometrisch durch einen Abschnitt veranschaulicht, der durch die benachbarten Eckpunkte bestimmt ist. Also muß die PARETO-Menge aus Abschnitten des Randes von M bestehen, deren Endpunkte Eckpunkte von M sind. Da der Simplexprozeß immer für den neuen charakteristischen Punkt fortgesetzt wird und die Gesamtheit der charakteristischen Bereiche nach 2.6 zusammenhängend ist, muß auch die PARETO-Menge zusammenhängend sein. Das bedeutet, daß sie nicht, wie in Abb. 11 gezeichnet, aus zwei Abschnitten des Randes von M bestehen kann, zwischen denen Abschnitte liegen, die nicht zur PARETO-Menge gehören. Weiterhin ist die Ziel-

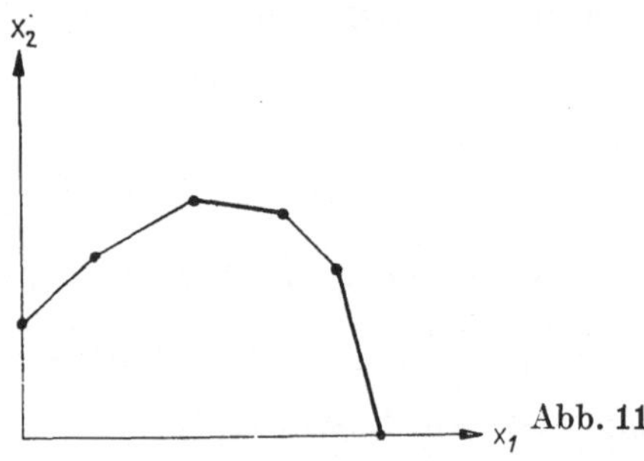

Abb. 11

funktion der parametrischen Optimierungsaufgabe für $t = 0$ gleich Z_2 und für $t = 1$ gleich Z_1. Folglich müssen auch die Optimalpunkte P_1 und P_2, die den optimalen Lösungen der Aufgabe unter den beiden Einzelzielen entsprechen, zur PARETO-Menge gehören, falls $t = 0$ und $t = 1$ keine charakteristischen Punkte sind. In diesem Falle besteht die PARETO-Menge aus Abschnitten des Randes von M, die die Punkte P_1, P_2 verbinden.

Das hergeleitete Ergebnis bedarf einer Ergänzung, falls $t = 0$ (analoges gilt für $t = 1$) ein charakteristischer Punkt ist. Nach der geometrischen Interpretation der von uns untersuchten Aufgabe der parametrischen Optimierung (vgl. etwa [5]) entspricht der Änderung des Parameters t eine Drehung der Zielfunktionsgeraden, und für jeden charakteristischen Punkt erhält man eine Zielfunktionsgerade, die zu einer Begrenzungsgeraden von M parallel ist. Für einen charakteristischen Punkt $t = 0$ hat also die Optimierungsaufgabe unter dem Einzelziel Z_2 mehrere optimale Lösungen. Beschränken wir uns auf die Betrachtung des Falles, daß der Gesamtheit der optimalen Lösungen unter dem Einzelziel Z_2 ein Abschnitt entspricht, gibt es zwei Eckpunkte der Menge M, die Optimalpunkte bezüglich Z_2 sind. Setzen wir weiterhin voraus, daß die

Optimierungsaufgaben unter den beiden Einzelzielen nicht indifferent sind, wird in die PARETO-Menge von dem gesamten Abschnitt nur ein Endpunkt aufgenommen, der auch für Werte $t > 0$ Lösung der parametrischen Optimierungsaufgabe ist. Diese Tatsache läßt sich durch folgende Überlegung verdeutlichen: Alle Punkte des betrachteten Abschnittes sind zwar hinsichtlich Z_2 als gleich, jedoch bezüglich Z_1 im allgemeinen als verschieden zu bewerten. Folglich entspricht es zwangsläufig der Erklärung des PARETO-Optimums, daß auch nur ein Endpunkt in die PARETO-Menge eingeht. Da die PARETO-Menge zusammenhängend sein muß, ist es schließlich geometrisch sofort ersichtlich, welcher der beiden Endpunkte vektoroptimal ist. So bleibt bei Beachtung dieser Bemerkungen die Aussage bestehen, daß die PARETO-Menge durch Abschnitte des Randes von M gebildet wird. Diese Abschnitte verbinden zwei Punkte P_1 und P_2, denen Optimallösungen unter den beiden Einzelzielen entsprechen.

Kehren wir nun wieder zu unserem Beispiel zurück, und veranschaulichen wir uns die Bildmenge der PARETO-Menge im zulässigen Zielgebiet W (Abb. 12). Den Punkten P_1 und P_2 entsprechen die Bildpunkte P_1^* und P_2^* aus W. Ebenso wird der Punkt C von Abb. 10 in $C^* = (36, 42)$ abgebildet. Die Bilder

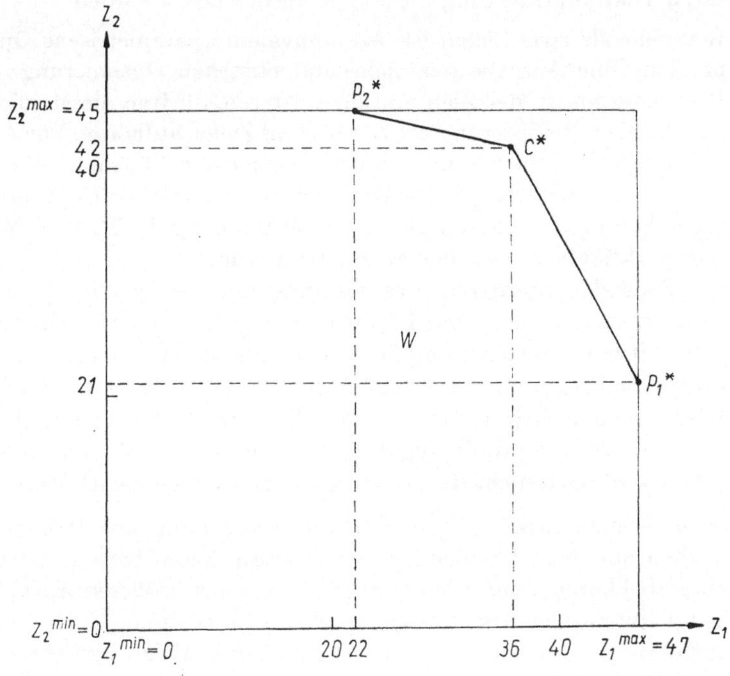

Abb. 12

der vektoroptimalen Kompromißlösungen

$$\hat{x}_1 = 6 - 3\lambda, \quad 0 \leqq \lambda \leqq 1$$
$$\hat{x}_2 = 6 + \lambda,$$

(Punkte des Abschnitts P_2C von Abb. 10) sind wegen

$$Z_1 = 5x_1 + x_2 = 5(6 - 3\lambda) + (6 + \lambda) = 36 - 14\lambda,$$
$$Z_2 = x_1 + 6x_2 = (6 - 3\lambda) + 6(6 + \lambda) = 42 + 3\lambda$$

im zulässigen Zielgebiet Punkte des Abschnitts $P_2{}^*C^*$. Also besteht die Bildmenge der Pareto-Menge aus zwei zusammenhängenden Abschnitten, die die Punkte $P_1{}^*$ und $P_2{}^*$ verbinden. Die Endpunkte dieser Abschnitte sind die Bildpunkte von Endpunkten der Abschnitte der Pareto-Menge. Wir übergehen hier den Nachweis, daß die Gültigkeit der hergeleiteten Aussagen über die Bildmenge der Pareto-Menge für Aufgaben der linearen Vektoroptimierung mit zwei Zielen allgemein begründet werden können.

So anschaulich und instruktiv diese Betrachtungen für Aufgaben mit zwei Variablen und zwei Zielen auch sein mögen, muß für allgemeine Aufgaben der linearen Vektoroptimierung doch folgendes bemerkt werden:

1. Bei mehr als zwei Zielen ist das äquivalente parametrische Optimierungsproblem eine Aufgabe der mehrparametrischen Optimierung. Obwohl die Parameter nur in der Zielfunktion auftreten, dürften die Möglichkeiten der numerischen Realisierung bei vier bis fünf Zielen aufhören. Für Aufgaben der linearen Vektoroptimierung größerer Dimension ist schon bei drei und vier Zielen ein erhebliches Anwachsen des Rechenaufwandes zu erwarten. Dagegen kann z. B. bei zwei Zielen die Bestimmung der Pareto-Menge als ein sehr praktikables Vorgehen angesehen werden.
2. Im Falle der Ausartung des Lösungsprozesses ist die Bestimmung der Gesamtheit der optimalen Lösungen der parametrischen Optimierungsaufgabe mit numerischen Komplikationen verbunden (vgl. [5, 13]). Die meisten Computer-Programme bestimmen nur für jeden Wert $t \in T$ eine optimale Lösung, ohne bei Ausartung die Gesamtheit der Optimallösungen der parametrischen Optimierungsaufgabe zu ermitteln. Bei einem solchen Vorgehen wird auch nicht die gesamte Pareto-Menge berechnet.

Diese Bemerkungen zeigen, daß die Berechnung der Pareto-Menge bei Aufgaben mit mehr als vier Zielen numerisch kaum bewältigt werden kann. Praktikabel können nur solche Vorgehen bei einer größeren Anzahl von Zielen eingeschätzt werden, die auf eine explizite Bestimmung auch von Teilen der Pareto-Menge auf dem von uns beschriebenen Wege verzichten und durch andere Überlegungen zu Kompromißlösungen führen, denen Elemente der

PARETO-Menge entsprechen (s. hierzu etwa die in [11, 21] beschriebenen Vorgehen oder die in 5.3 dargestellte Methode der gewichteten Addition der Einzelziele).

2.8. Das praktische Zielgebiet

Unsere vorangegangenen Betrachtungen haben gezeigt, daß das Vektoroptimum zwar einen akzeptablen Kompromiß liefert, die Berechnung der vektoroptimalen Kompromißlösungen aber auch mit numerischen Problemen verbunden sein kann. In Vorbereitung einer neuen Kompromißtheorie erklären wir den Begriff des praktischen Zielgebietes. Dabei ist nicht, wie beim PARETO-Kompromiß, eine mathematische Erklärung Ausgangspunkt unserer Betrachtungen, sondern eine ökonomische Problemsituation.

In der Praxis wird man zunächst bestrebt sein, ein gewisses Niveau hinsichtlich aller Ziele zu erreichen. Das entspricht der Verbindlichkeit des Planes, der die Erfüllung der vorgegebenen Kennziffern für alle Ziele verlangt. Auch die materielle Stimulierung setzt zunächst die Erfüllung des Planes in seiner Gesamtheit voraus. Es ist daher natürlich, daß die Sicherung eines gewissen Niveaus für alle Ziele vorrangig zu betrachten ist und sich erst dann das Problem der Optimierung stellt. In unserer Denkweise tendiert die Sicherung des Niveaus aller Ziele auf die Erklärung einer Kompromißmenge. Erst daran schließt sich die Frage nach der Auswahl eines optimalen Kompromisses an.

Definition 4: *Das praktische Zielgebiet G wird durch die Vorgabe von Schranken s_j, S_j für jede Zielfunktion Z_j festgelegt,*

$$s_j \leqq Z_j \leqq S_j, \qquad j = 1, 2, \dots, k, \tag{35}$$

und ist mathematisch durch

$$G = \{\mathbf{Z} \mid s_j \leqq Z_j \leqq S_j, j = 1, 2, \dots, k\}$$

erklärt. Die Ungleichungen (35) *heißen Zielgebietsbedingungen.*

Die Schranken s_j, S_j repräsentieren das geforderte Niveau für die Zielgrößen. Ihre Festlegung ist eine wichtige Aufgabe im Leitungsprozeß und muß in der Phase der Modellierung des Problems erfolgen. Dabei ist es belanglos, wenn für einige Ziele keine oberen oder unteren Schranken vorgegeben sind. Das wird sogar vielfach der Fall sein, weil bei einer auf Maximierung gerichteten Zielgröße meist nur untere Schranken in Form von Planvorgaben bestehen werden. Liegt weder eine untere noch eine obere Schranke vor, hat die Zielfunktion keinen Einfluß auf die Erklärung des praktischen Zielgebietes. Allgemein wird man bestrebt sein, das praktische Zielgebiet so groß wie möglich zu halten, um nicht durch unbegründet scharfe Schranken den Entscheidungsspielraum unnötig einzuengen.

Setzen wir in (35) die linearen Beziehungen

$$Z_j = c_{j1}x_1 + c_{j2}x_2 + \cdots + c_{jn}x_n, \qquad j = 1, 2, \ldots, k$$

für die Zielfunktionen ein, erhalten wir das Ungleichungssystem

$$s_j \leqq c_{j1}x_1 + c_{j2}x_2 + \cdots + c_{jn}x_n \leqq S_j, \qquad j = 1, 2, \ldots, k. \tag{36}$$

Das veranlaßt uns zur Erklärung von *Zielgebietslösungen.*

Definition 5: *Ein Vektor* $\boldsymbol{x}$ *des n-dimensionalen Raumes, der den Ungleichungen* (36) *genügt, heißt eine Zielgebietslösung.*

Wir wollen den Begriff der Zielgebietslösung für Aufgaben mit zwei Variablen und zwei Zielen erläutern. Dann geht (36) in

$$s_j \leqq c_{j1}x_1 + c_{j2}x_2 \leqq S_j, \qquad j = 1, 2 \tag{37}$$

über. Jeder Doppelungleichung (37) entsprechen zwei Ungleichungen

$$c_{j1}x_1 + c_{j2}x_2 \geqq s_j,$$
$$c_{j1}x_1 + c_{j2}x_2 \leqq S_j,$$

die geometrisch durch Halbebenen dargestellt werden, welche die Geraden

$$c_{j1}x_1 + c_{j2}x_2 = s_j,$$
$$c_{j1}x_1 + c_{j2}x_2 = S_j$$

begrenzen. Nach den Gesetzen der analytischen Geometrie sind diese Geraden parallel (Abb. 13), so daß jede Doppelungleichung (37) durch einen Parallel-

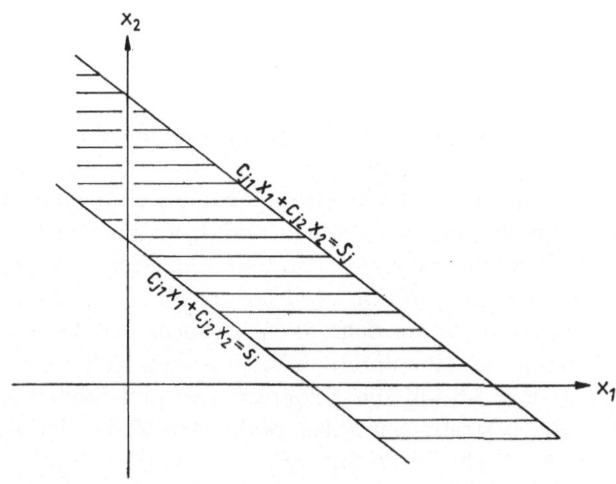

Abb. 13

streifen veranschaulicht wird. Damit entspricht den Zielgebietsbedingungen (37) zwangsläufig ein Parallelogramm.

Das praktische Zielgebiet G stellt in der Z_1, Z_2-Ebene ein Rechteck dar (von zulässigen Unbeschränktheiten sehen wir ab). Jeder Zielgebietslösung $\boldsymbol{x}$ mit

$$s_j \leqq \mathbf{c}_j'\boldsymbol{x} \leqq S_j, \qquad j = 1, 2$$

entspricht vermittels $Z_j = \mathbf{c}_j'\boldsymbol{x}$ ein Bild $\boldsymbol{Z} = (Z_1, Z_2)$ mit

$$s_j \leqq Z_j \leqq S_j, \qquad j = 1, 2$$

in G und umgekehrt (Abb. 14).

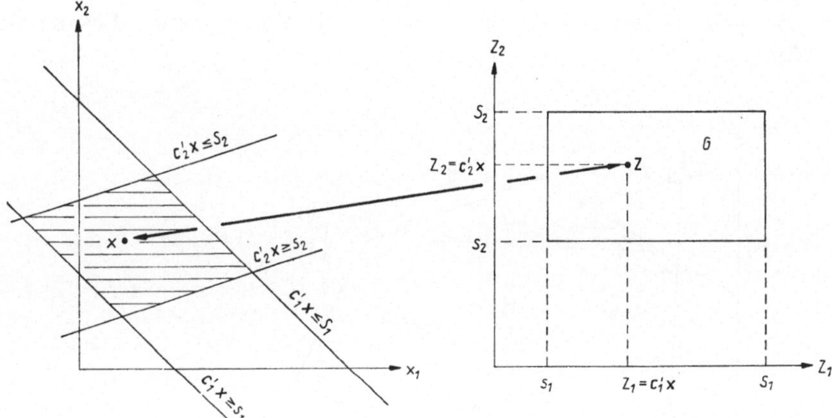

Abb. 14

Die *Zielgebietsbedingungen* (36) lassen sich durch Einführung von Vektoren $\mathbf{s}$, $\mathbf{S}$ sowie der Matrix $\boldsymbol{C}$

$$\mathbf{s} = \begin{pmatrix} s_1 \\ s_2 \\ \vdots \\ s_k \end{pmatrix}, \qquad \mathbf{S} = \begin{pmatrix} S_1 \\ S_2 \\ \vdots \\ S_k \end{pmatrix}, \qquad \boldsymbol{C} = \begin{pmatrix} c_{11} & c_{12} & \cdots & c_{1n} \\ c_{21} & c_{22} & \cdots & c_{2n} \\ \cdots & \cdots & \cdots & \cdots \\ c_{k1} & c_{k2} & \cdots & c_{kn} \end{pmatrix}$$

durch die Matrizenungleichung

$$\mathbf{s} \leqq \boldsymbol{C}\boldsymbol{x} \leqq \mathbf{S} \tag{38}$$

ausdrücken.

2.9. *Die Kompromißtheorie des praktischen Zielgebietes*

Die in 2.8 erklärte Zielgebietslösung ist noch nicht eine geeignete Kompromißlösung, da sie keine zulässige Lösung der Aufgabe zu sein braucht. Das führt uns aber zwangsläufig zur Erklärung von *zulässigen Zielgebietslösungen,* worunter wir eine zulässige Lösung $\boldsymbol{x}$ verstehen wollen, die auch noch den Zielgebietsbedingungen (36) genügt.

Bezeichnen wir die Menge der zulässigen Zielgebietslösungen mit M_Z, können wir M_Z durch die Beziehung

$$M_Z = \{\boldsymbol{x} \mid \boldsymbol{A}\boldsymbol{x} = \boldsymbol{b}, \boldsymbol{s} \leqq \boldsymbol{C}\boldsymbol{x} \leqq \boldsymbol{S}, \boldsymbol{x} \geqq \boldsymbol{0}\} \tag{39}$$

symbolisieren. Die Menge M_Z ist in der Menge M der zulässigen Lösungen enthalten, da jede zulässige Zielgebietslösung auch eine zulässige Lösung ist (Abb. 15).

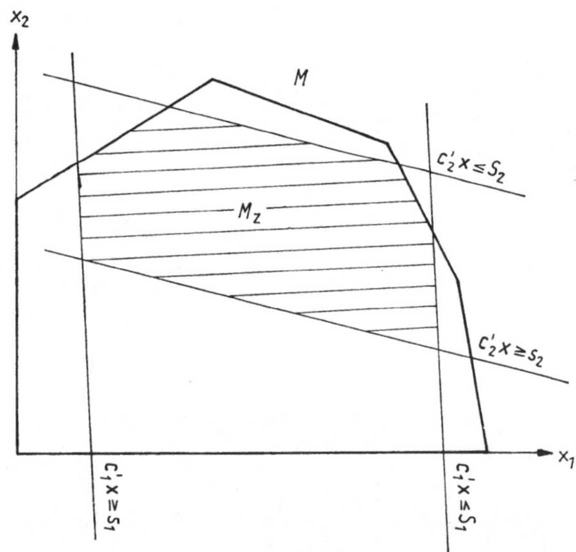

Abb. 15

Der Begriff der zulässigen Zielgebietslösung läßt sich wieder für Aufgaben mit zwei Variablen und zwei Zielen veranschaulichen. Jeder zulässigen Zielgebietslösung entspricht als zulässige Lösung ein Punkt des zulässigen Zielgebietes W (beachte 2.3 und Abb. 6). Jeder zulässigen Zielgebietslösung entspricht als Zielgebietslösung ein Punkt des praktischen Zielgebietes G (beachte 2.8 und Abb. 14). Folglich muß jeder zulässigen Zielgebietslösung ein

Punkt einer Menge R zugeordnet sein, die der mengentheoretische Durchschnitt von G und W ist (Abb. 16)

$$R = G \cap W.$$

Es gilt also

$$\boldsymbol{x} \in M_Z \Rightarrow \boldsymbol{Z} \in R.$$

Man beachte, daß analog zu 2.3 auch nicht umgekehrt jedem Punkt aus R ein Urbild $\boldsymbol{x}$ aus M_Z entspricht. Der günstigste Punkt von R wäre zweifellos $\boldsymbol{T}^*$, in dem die beiden Zielfunktionen ihren maximalen Wert annehmen. Aber T^* wird nur dann ein Urbild in M_Z finden, wenn die unter den Einzelzielen Z_1 und Z_2 betrachteten linearen Optimierungsaufgaben (18), (19) indifferent sind.

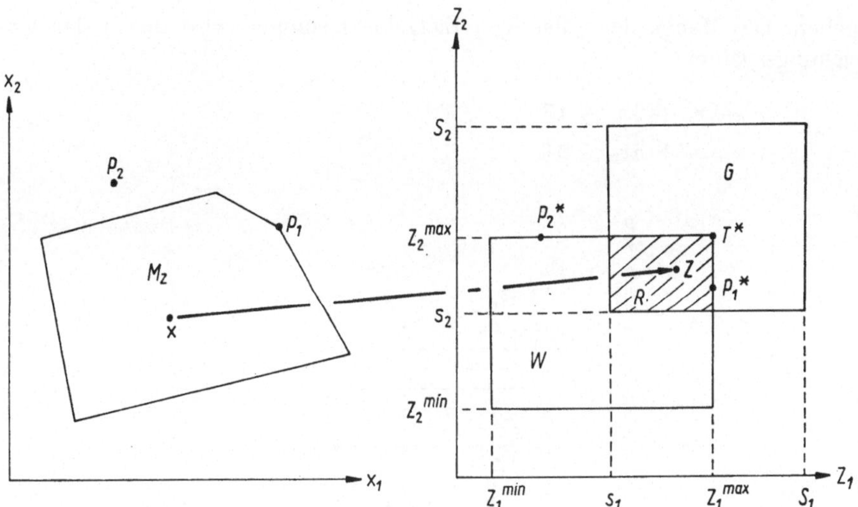

Abb. 16

Ist die Durchschnittsmenge R leer, kann es keine zulässige Zielgebietslösung geben. Folglich ist keine Zielgebietslösung vorhanden, die auch noch den Restriktionen der linearen Vektoroptimierungsaufgabe genügt.

Es ist naheliegend, jede zulässige Zielgebietslösung als Kompromiß im Sinne unseres praktischen Zielgebietes anzusehen. Daher bezeichnen wir im folgenden jede zulässige Zielgebietslösung als eine *Kompromißlösung der linearen Vektoroptimierungsaufgabe im Sinne des praktischen Zielgebietes*. Die Menge M_Z stellt folglich eine Menge von Kompromißlösungen der linearen Vektoroptimierungsaufgabe dar. Insbesondere ist zu beachten, daß die Bestimmung der Kompromißmenge bei dieser Kompromißtheorie im Vergleich zum PARETO-Kompromiß keinerlei numerische Probleme mit sich bringt.

Ist z. B. die Optimallösung unter dem Einzelziel Z_2 (Punkt P_2 von Abb. 16) keine zulässige Zielgebietslösung und folglich nicht in M_Z enthalten, liegt ihr Bild P_2^* nicht in der Menge R. P_2 repräsentiert keine Kompromißlösung im Sinne des praktischen Zielgebietes. Liegt dagegen der Optimalpunkt P_1 des Einzelzieles Z_1 in M_Z, ist das Bild P_1^* in R gelegen und die Optimallösung unter dem Einzelziel Z_1 Element der Kompromißmenge.

Beispiel: Vorgelegt sei die lineare Vektoroptimierungsaufgabe (34) von 2.7. Die Zielgebietsbedingungen sind durch

$$Z_1 \geqq 27,$$
$$Z_2 \geqq 15$$

gegeben. Die Menge der zulässigen Zielgebietslösungen wird durch das Ungleichungssystem

$$-2x_1 + 3x_2 \leqq 15$$
$$x_1 + 3x_2 \leqq 24$$

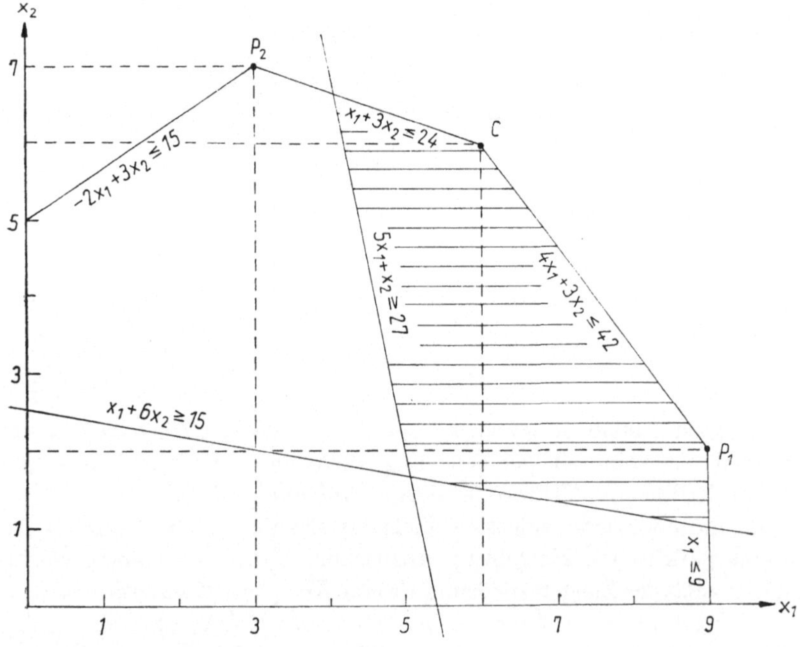

Abb. 17

$$\begin{aligned} 4x_1 + 3x_2 &\leqq 42 \\ x_1 \quad\quad &\leqq 9 \\ 5x_1 + x_2 &\geqq 27 \\ x_1 + 6x_2 &\geqq 15 \\ x_1, x_2 &\geqq 0 \end{aligned}$$

beschrieben. Die Menge der Kompromißlösungen ist in Abb. 17 schraffiert (vgl. mit Abb. 9).

2.10. Auswahl eines optimalen Kompromisses

Durch unsere Kompromißtheorien erfolgt eine Auswahl von Kompromißlösungen aus der Menge der zulässigen Lösungen. Aber die Kompromißlösungen sind noch keine ausreichende Grundlage für die Entscheidungsfindung. Dazu ist die Zahl der Elemente in der Kompromißmenge meist viel zu groß. Der Entscheidungssuchende benötigt eindeutige oder doch wenigstens überschaubare Lösungsvorschläge. Daher haben wir noch eine Auswahl eines optimalen Kompromisses aus der Kompromißmenge vorzunehmen. Das erfolgt mittels einer Zielfunktion, die wir *repräsentatives Ziel* nennen wollen. Eine Kompromißlösung, die bezüglich des repräsentativen Zieles optimal ist, heißt eine *optimale Kompromißlösung.*

Das Hauptproblem bei der Wahl einer repräsentativen Zielfunktion ist, die sich in den verschiedenen Zielen widerspiegelnden Optimierungstendenzen möglichst umfassend einzubeziehen. Welche Möglichkeiten sich dafür bieten, ist Bestandteil der Theorie der numerischen Verfahren zur Lösung von Aufgaben der linearen Vektoroptimierung. Für unsere gegenwärtigen Betrachtungen reicht es aus, sich unter dem repräsentativen Ziel etwa eine Ersatzzielfunktion im Sinne einer gewichteten Addition der Einzelziele vorzustellen. Dabei kann sogar zugelassen werden, daß sich das repräsentative Ziel in Teilschritten des Lösungsprozesses ändert. Folglich ist die Wahl des repräsentativen Zieles auch in Abhängigkeit von dem numerischen Lösungsverfahren zu sehen.

Die Erklärung eines repräsentativen Zieles schließt nicht aus, daß eine der k Zielfunktionen der linearen Vektoroptimierungsaufgabe auch als repräsentatives Ziel gewählt wird.

Gegen das beschriebene Vorgehen mag man einwenden, daß letzten Endes unsere Aufgabe doch auf ein Problem mit einer einzigen Zielfunktion zurückgeführt ist, wir also die Optimierung unter mehreren Zielen nicht beherrschen. Natürlich ist unser Vorgehen auch ein Kompromiß. Aber die Wahl einer repräsentativen Zielfunktion darf nicht mit der Suche nach einem allgemeingültigen, einheitlichen Ziel verglichen werden. Die repräsentative Zielfunktion ergibt sich nach gründlichen Zielanalysen auf der Basis der Berücksichtigung der mehrfachen Zielstellungen im Rahmen der Kompromißtheorie. Gewiß ist es einfacher, eine einzige Zielstellung im Sinne der repräsentativen Zielfunktion zu akzeptieren, wenn man sicher ist, daß die mehrfachen Zielstellungen beim gewählten Kompromiß ausreichende Berücksichtigung gefunden haben (vgl. hierzu auch unsere Darlegungen in 1.1).

Wir wollen die Auswahl eines optimalen Kompromisses noch in zwei Beispielen veranschaulichen, die uns gleichzeitig zu allgemeinen Folgerungen anregen werden.

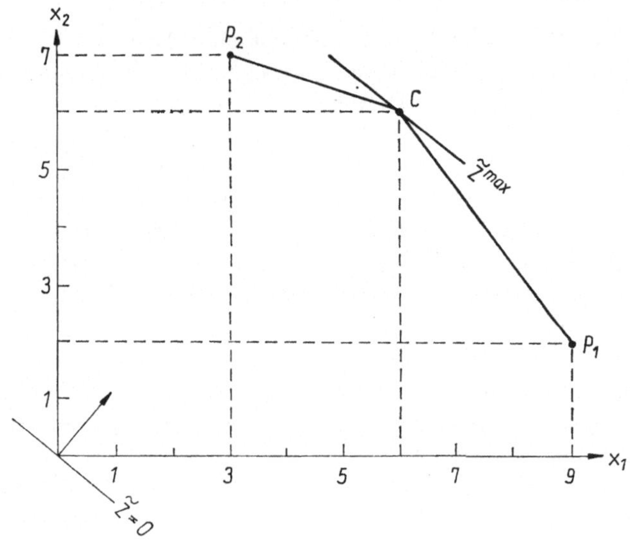

Abb. 18

Beispiel: Für die lineare Vektoroptimierungsaufgabe (34) haben wir in 2.7 die in Abb. 18 dargestellte PARETO-Menge hergeleitet (vgl. mit Abb. 10). Wählen wir als repräsentative Zielfunktion $\tilde{Z}$ die Summe der Einzelziele

$$\begin{aligned}\tilde{Z} &= Z_1 + Z_2 \\ &= (5x_1 + x_2) + (x_1 + 6x_2) \\ &= 6x_1 + 7x_2,\end{aligned}$$

zeigt das graphische Lösungsprinzip für Aufgaben mit zwei Variablen in Abb. 18, daß Optimalität im Punkt C erreicht wird. Der Punkt C repräsentiert also den optimalen Kompromiß.

Ist es nicht möglich, den optimalen Kompromiß auf graphischem Wege zu ermitteln, muß ein analytischer Lösungsweg beschritten werden. Dazu scheint es in unserem Beispiel notwendig zu sein, die beiden Abschnitte P_2C und CP_1 analytisch darzustellen (beachte Tab. 3 und 2.7):

$$x_1 = 6 - 3\lambda, \quad x_2 = 6 + \lambda,$$
$$x_1 = 9 - 3\lambda, \quad x_2 = 2 + \lambda,$$

um dann über dieser Menge das Optimum des repräsentativen Zieles zu ermitteln. Nun zeigt die Betrachtung von Abb. 18, daß die PARETO-Menge nicht konvex ist. Das läßt eine erhebliche Komplikation des numerischen Lösungsweges befürchten. Falls aber die repräsentative Zielfunktion linear ist, überträgt sich zwangsläufig die in der linearen Optimierung gültige Aussage, daß unter den Eckpunkten der Menge der zulässigen Lösungen Optimalpunkte enthalten sein müssen (falls die Aufgabe lösbar ist), auch auf den PARETO-Kompromiß. In unserem Beispiel haben wir also in den Eckpunkten P_2, C und P_1 einen optimalen Kompromiß zu suchen. Diese Eckpunkte werden aber durch den Lösungsprozeß der parametrischen Optimierungsaufgabe berechnet. Man braucht nur noch den Wert der repräsentativen Zielfunktion in jedem Eckpunkt zu ermitteln, um durch Vergleich die optimale Kompromißlösung zu finden. Im Beispiel würde sich z. B. ergeben:

$$P_2 \sim (3, 7): \quad Z = 67,$$
$$C \sim (6, 6): \quad Z = 78,$$
$$P_1 \sim (9, 2): \quad Z = 68.$$

Folglich ist die Kenntnis der gesamten PARETO-Menge überhaupt nicht notwendig, wenn man nur den optimalen Kompromiß im Sinne dieser Kompromißtheorie sucht.

Will man aus der PARETO-Menge einen optimalen Kompromiß dadurch auswählen, daß man die repräsentative Zielfunktion mit der Zielfunktion eines Einzelzieles zusammenfallen läßt, wird man zwangsläufig zu dem Optimalpunkt geführt, der diesem Einzelziel entspricht. Bei einer solchen Wahl der repräsentativen Zielfunktion kann man also auf die Berechnung der PARETO-Menge verzichten. Die Schuld liegt aber nicht an dem PARETO-Kompromiß, sondern an demjenigen, der diese repräsentative Zielfunktion auswählt. Man kann nicht auf der einen Seite eine Kompromißtheorie akzeptieren, die von einer völlig gleichwertigen Berücksichtigung aller Ziele ausgeht, und auf der anderen Seite eine repräsentative Zielfunktion wählen, die ein Einzelziel hervorhebt. Offensichtlich ist es im Rahmen der Kompromißtheorie des praktischen Zielgebietes durchaus möglich, ein primäres Einzelziel als repräsentative Zielfunktion anzuerkennen. Die Berücksichtigung der Zielgesamtheit erfolgt durch Sicherung des Niveaus aller Ziele. Das schließt keine Wertung, auch keine Gleichwertigkeit der Ziele ein. Außerdem fällt der optimale Kompromiß auch nicht automatisch mit dem Optimum des Einzelzieles zusammen, da dieser Optimalpunkt nicht zur Kompromißmenge zu gehören braucht.

Bevor wir weitere allgemeine Aussagen zur Bestimmung des optimalen Kompromisses auf der Basis der Kompromißtheorie des praktischen Zielgebietes machen, wollen wir das Vorgehen noch in einem Beispiel verdeutlichen.

Beispiel: Für die lineare Vektoroptimierungsaufgabe (34) haben wir im Beispiel von 2.9. die in Abb. 19 dargestellte Kompromißmenge hergeleitet (vgl. mit Abb. 17). Wählen wir, wie in obigem Beispiel, als repräsentative Zielfunktion

$$\tilde{Z} = 6x_1 + 7x_2,$$

führt uns das graphische Lösungsprinzip wieder zum Optimalpunkt C. Beide Kompromißtheorien wählen damit denselben optimalen Kompromiß aus.

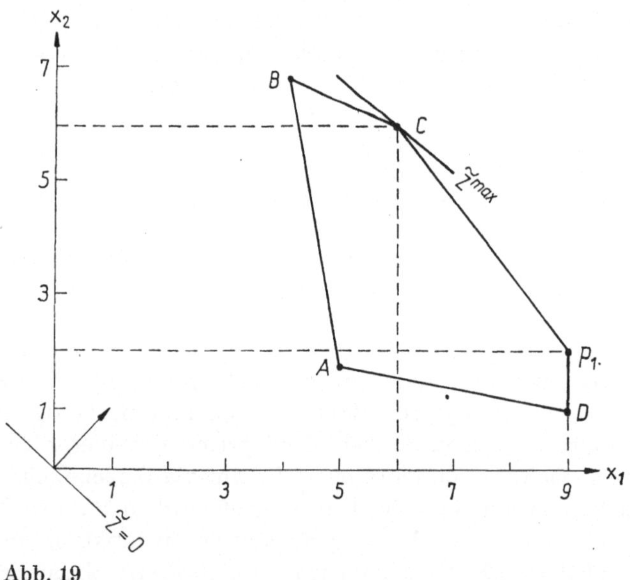

Abb. 19

Bei einer begründeten Wahl der repräsentativen Zielfunktion wird uns der Kompromiß des praktischen Zielgebietes meist auch zu einem optimalen Kompromiß führen, der in der Pareto-Menge enthalten ist. Wir wollen uns das für unser Beispiel an Hand von Abb. 19 verdeutlichen. Die Abschnitte

BC und CP_1 gehören zur PARETO-Menge. Ist die repräsentative Zielfunktion linear und kombiniert sie die Optimierungstendenz der Einzelziele, so ist als Optimalpunkt bezüglich des repräsentativen Zieles B, C oder P_1 zu erwarten. Das sind aber alles Punkte der PARETO-Menge. Die Ermittlung des Optimalpunktes D würde bedeuten, daß die Optimierungstendenz des Einzelzieles Z_1 durch das repräsentative Ziel noch weiter betont wird. Ergäbe sich A als Optimalpunkt, hätten wir ein repräsentatives Ziel gewählt, das dem Optimierungsaspekt der Einzelziele sogar entgegengerichtet ist. Folglich ist es durchaus begründet, anzunehmen, daß die Kompromißtheorie des praktischen Zielgebietes bei überlegter Anwendung auch zu einem in der PARETO-Menge liegenden optimalen Kompromiß führt. Zwar soll das nicht als Kriterium für den Wert dieser Kompromißtheorie angesehen werden, es zeigt aber, daß die Kombination der beiden Kompromisse im allgemeinen nur numerische Komplikationen liefern würde.

Bei unseren weiteren Betrachtungen werden wir den PARETO-Kompromiß nicht weiter verfolgen, sondern uns auf den numerisch einfachen Kompromiß des praktischen Zielgebietes stützen.

3. Mathematische Beschreibung der repräsentativen Optimierungsaufgabe

3.1. Die Formulierung der repräsentativen Optimierungsaufgabe im Ergebnis des Modellierungsprozesses

Wir haben in 1.4 den Prozeß der Modellierung bis zur Beschreibung der Zielmenge und der in das mathematische Modell aufzunehmenden Bedingungen erläutert und dafür die in den Abbildungen 1 und 2 veranschaulichten Denkschemata entwickelt. Bevor wir die sich durch den Kompromiß des praktischen Zielgebietes ergebende Optimierungsaufgabe einer näheren mathematischen Untersuchung unterziehen, wollen wir im Anschluß an die Darlegungen in 1.4 unser Denkschema bis zur Aufstellung des mathematischen Modells weiterentwickeln (Abb. 20).

Im Sinne unserer Kompromißtheorie bildet die durch den Prozeß der Zielauswahl und Zielanalyse hergeleitete Zielmenge die Basis für die Festlegung des praktischen Zielgebietes. Aber keineswegs nehmen darauf im allgemeinen alle Ziele Einfluß. Wir bemerkten bereits in 2.8, daß die Bestimmung eines zu fordernden Niveaus für die Ziele in der Modellierungsphase erfolgen muß. Nur die Ziele, für die wenigstens eine Schranke ermittelt wurde, bestimmen das praktische Zielgebiet. Dagegen nehmen die Ziele, für welche die Festlegung eines Niveaus unbegründet erscheint, keinen Einfluß auf den Kompromiß.

Die Wahl der repräsentativen Zielfunktion erfolgt unter Berücksichtigung der Tatsache, daß das praktische Zielgebiet in das mathematische Modell aufgenommen wird. Die repräsentative Zielfunktion leitet sich aus den Elementen der Zielmenge her. Aber nicht alle Ziele beeinflussen diese Wahl. Dazu ist ihre Wichtigkeit im allgemeinen viel zu unterschiedlich. Es gehört auch zu den Aufgaben der Zielanalyse, eine Bewertung der Ziele in der Richtung vorzunehmen, welchen Einfluß sie auf die Bestimmung der repräsentativen Zielfunktion nehmen sollten. So hat z. B. das Erkennen einer primären Zielfunktion meist ihre Wahl als repräsentatives Ziel zur Folge. Ziele mit Niveauerreichung beeinflussen das repräsentative Ziel nicht. Dagegen muß berücksichtigt werden, daß es Ziele geben kann, für die im Modellierungsprozeß keine Zielgebietsschranken ermittelt wurden und die trotzdem bestimmenden Einfluß auf das repräsentative Ziel nehmen. Im folgenden setzen wir grundsätzlich voraus, daß nicht nur die Elemente der Zielmenge, sondern auch das repräsentative Ziel durch eine mathematische Funktion darstellbar sind.

Zielmenge des mathematischen Modells
Menge der Ziele, für die keine Niveauschranken gegeben sind
Menge der Ziele mit Niveauschranken
Festlegung des praktischen Zielgebietes
Wahl einer repräsentativen Zielfunktion
Menge der in das mathematische Modell aufzunehmenden Bedingungen
repräsentative Optimierungsaufgabe

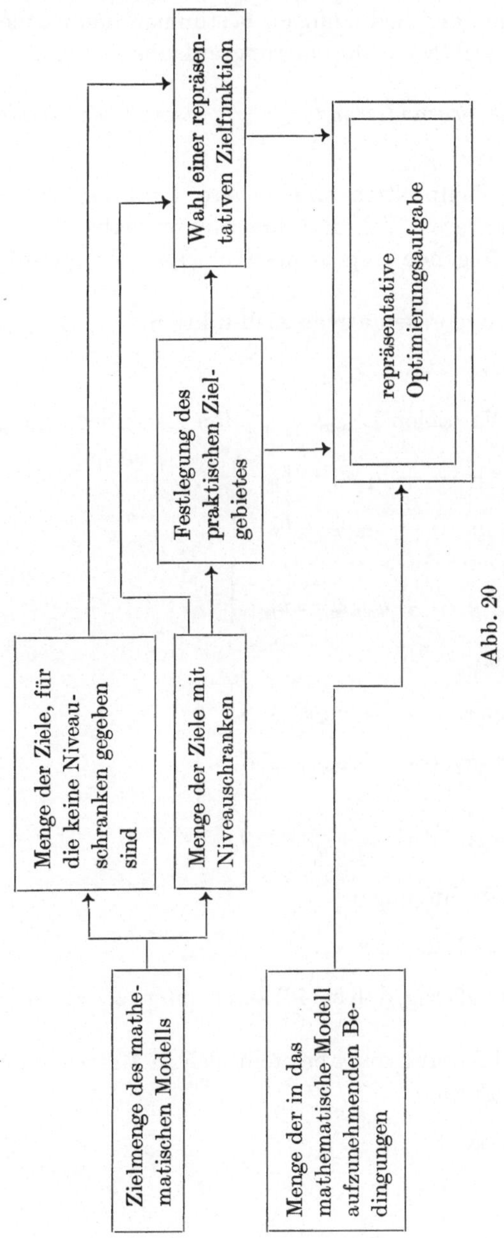

Abb. 20

Die repräsentative Zielfunktion, die Zielgebietsbedingungen des praktischen Zielgebietes und die Menge der Bedingungen bestimmen das mathematische Modell, das wir auch repräsentative Optimierungsaufgabe nennen.

3.2. Mathematische Formulierung der repräsentativen Optimierungsaufgabe

Ist die repräsentative Zielfunktion eine lineare Funktion der Variablen $x_1, x_2, \ldots, x_n$, wird der linearen Vektoroptimierungsaufgabe (1)—(3) durch die Kompromißtheorie folgende repräsentative Optimierungsaufgabe zugeordnet:

Es ist das Maximum der repräsentativen Zielfunktion

$$\tilde{Z} = c_1 x_1 + c_2 x_2 + \cdots + c_n x_n \tag{40}$$

zu bestimmen, wobei die Variablen $x_1, x_2, \ldots, x_n$ den Nebenbedingungen

$$\left.\begin{array}{l} a_{11}x_1 + a_{12}x_2 + \cdots + a_{1n}x_n = b_1 \\ a_{21}x_1 + a_{22}x_2 + \cdots + a_{2n}x_n = b_2 \\ \cdots\cdots\cdots\cdots\cdots\cdots\cdots\cdots \\ a_{m1}x_1 + a_{m2}x_2 + \cdots + a_{mn}x_n = b_m \end{array}\right\} \tag{41}$$

den Zielgebietsbedingungen

$$\left.\begin{array}{l} s_1 \leqq c_{11}x_1 + c_{12}x_2 + \cdots + c_{1n}x_n \leqq S_1 \\ s_2 \leqq c_{21}x_1 + c_{22}x_2 + \cdots + c_{2n}x_n \leqq S_2 \\ \cdots\cdots\cdots\cdots\cdots\cdots\cdots\cdots\cdots \\ s_k \leqq c_{k1}x_1 + c_{k2}x_2 + \cdots + c_{kn}x_n \leqq S_k \end{array}\right\} \tag{42}$$

und den Nichtnegativitätsbedingungen

$$x_i \geqq 0, \qquad i = 1, 2, \ldots, n \tag{43}$$

genügen müssen. Dabei ist zulässig, daß in (42) keine untere oder obere Schranke auftritt.

Die repräsentative Optimierungsaufgabe stellt sich in Matrizenschreibweise (beachte auch 2.9) in der Form

$$\left.\begin{array}{r} \tilde{\boldsymbol{Z}} = \boldsymbol{c}'\boldsymbol{x} \quad \max \\ \boldsymbol{A}\boldsymbol{x} = \boldsymbol{b} \\ \boldsymbol{s} \leqq \boldsymbol{C}\boldsymbol{x} \leqq \boldsymbol{S} \\ \boldsymbol{x} \geqq \boldsymbol{0} \end{array}\right\} \tag{44}$$

oder

$$\max\{\boldsymbol{c}'\boldsymbol{x} \mid \boldsymbol{A}\boldsymbol{x} = \boldsymbol{b}, \boldsymbol{s} \leqq \boldsymbol{C}\boldsymbol{x} \leqq \boldsymbol{S}, \boldsymbol{x} \geqq \boldsymbol{0}\} \tag{45}$$

dar.

Die numerischen Verfahren der linearen Optimierung gestatten ohne Schwierigkeiten die Lösung der repräsentativen Optimierungsaufgabe. Das Auftreten der Zielgebietsbedingungen (42) braucht nicht als numerische Komplikation angesehen zu werden, da in der Praxis die Zahl k der Zielgebietsbedingungen klein gegenüber der Zahl der Nebenbedingungen sein dürfte.

Die numerische Lösung der repräsentativen Optimierungsaufgabe schließen wir an ihre *Normalform* an. Dazu sind auch die Zielgebietsbedingungen (42) in Gleichungsform zu überführen. Jeder Doppelungleichung (42) entsprechen zwei Ungleichungen (beachte 2.8), falls auch wirklich untere und obere Schranken in (42) gegeben sind. Die Normalform der repräsentativen Optimierungsaufgabe besitzt damit maximal $m + 2k$ Nebenbedingungen. Die Zahl der Variablen erhöht sich auf maximal $n + 2k$. In den Variablen $x_1, x_2, \ldots, x_n$ sind die Modellvariablen und die Schlupfvariablen der Nebenbedingungen enthalten. Die Variablen x_{n+1}, x_{n+2} bis maximal x_{n+2k} repräsentieren die Schlupfvariablen der Zielgebietsbedingungen. Der Optimallösung der repräsentativen Optimierungsaufgabe ist folglich zu entnehmen, inwieweit bei der Optimallösung die vorgegebenen Zielgebietsschranken erreicht werden (Werte der Schlupfvariablen der Zielgebietsbedingungen!). Von einer derartigen Analyse des Optimierungsergebnisses hängt es mit ab, welchen der k Einzelziele der linearen Vektoroptimierungsaufgabe man im Leitungsprozeß größere Beachtung beimessen wird.

Beispiel: Wir betrachten die repräsentative Optimierungsaufgabe von 2.9 und 2.10. Als repräsentative Zielfunktion wurde dort die Summe der Einzelziele gewählt:

$$\tilde{Z} = 6x_1 + 7x_2 \max.$$

Die Nebenbedingungen sind durch

$$\begin{aligned} -2x_1 + 3x_2 &\leqq 15 \\ x_1 + 3x_2 &\leqq 24 \\ 4x_1 + 3x_2 &\leqq 42 \\ x_1 &\leqq 9 \end{aligned}$$

gegeben. Die Zielgebietsbedingungen wurden durch

$$\begin{aligned} 5x_1 + x_2 &\geqq 27 \\ x_1 + 6x_2 &\geqq 15 \end{aligned}$$

beschrieben. Außerdem sind die Nichtnegativitätsbedingungen

$$x_1, x_2 \geqq 0$$

zu betrachten (beachte auch die Abbildungen 17 und 19).

Die Normalform der repräsentativen Optimierungsaufgabe lautet:

$$\begin{aligned}
&\tilde{Z} = 6x_1 + 7x_2 \max \\
&-2x_1 + 3x_2 + x_3 = 15 \\
&x_1 + 3x_2 + x_4 = 24 \\
&4x_1 + 3x_2 + x_5 = 42 \\
&x_1 + x_6 = 9 \\
&5x_1 + x_2 - x_7 = 27 \\
&x_1 + 6x_2 - x_8 = 15 \\
&x_i \geqq 0, \qquad i = 1, 2, \ldots, 8.
\end{aligned}$$

x_1, x_2 repräsentieren die Modellvariablen, x_3, x_4, x_5, x_6 die Schlupfvariablen der Nebenbedingungen und x_7, x_8 die Schlupfvariablen der Zielgebietsbedingungen.

Bekannt sei die Optimallösung unter dem Einzelziel $Z_1 = 5x_1 + x_2$ (Punkt P_1 von Abb. 17):

$$x_1 = 9, \quad x_2 = 2.$$

Ihr entspricht der Vektor

$$\boldsymbol{x}' = (9, 2, 27, 9, 0, 0, 20, 6)$$

unserer repräsentativen Optimierungsaufgabe in Normalform. Es ist leicht zu bestätigen, daß $\boldsymbol{x}$ auch eine zulässige Basislösung der Normalform darstellt.

Im vorbereitenden Schritt der Simplexmethode werden die Nebenbedingungen in die Gestalt

$$\begin{aligned}
&x_1 + x_6 = 9 \\
&x_2 + \frac{1}{3} x_5 - \frac{4}{3} x_6 = 2 \\
&x_3 - x_5 + 6x_6 = 27 \\
&x_4 - x_5 + 3x_6 = 9 \\
&x_7 + \frac{1}{3} x_5 + \frac{11}{3} x_6 = 20 \\
&x_8 + 2x_5 - 7x_6 = 6
\end{aligned}$$

umgeformt. Für die Zielfunktion finden wir:

$$\tilde{Z} = 68 - \frac{7}{3} x_5 + \frac{10}{3} x_6.$$

Der Lösungsprozeß der repräsentativen Optimierungsaufgabe mittels der gewöhnlichen Simplexmethode ist in Rechenschema 3 (beachte auch die allgemeinen Bemerkungen zur Simplexmethode in 2.6) festgehalten. Bereits dem zweiten Tableau kann die Optimallösung

$$x_1 = x_2 = 6, \quad x_3 = 9, \quad x_4 = x_5 = 0, \quad x_6 = 3, \quad x_7 = 9,$$
$$x_8 = 27$$

entnommen werden. Da x_7 und x_8 die Schlupfvariablen der Zielgebietsbedingungen sind, besagt z. B. $x_7 = 9$, daß für die Optimallösung die vorgegebene untere Zielgebietsschranke $s_1 = 27$ um $x_7 = 9$ überschritten wird. Ebenso ist durch $x_8 = 27$ die Überschreitung der Zielgebietsschranke $s_2 = 15$ gegeben.

3.3. *Unlösbarkeit der repräsentativen Optimierungsaufgabe*

Erweist sich die repräsentative Optimierungsaufgabe als unlösbar, ist es für den Leitungsprozeß von wesentlicher Bedeutung, den dafür vorliegenden Grund zu ermitteln (beachte [9]). Die Analyse der Ursachen für die Unlösbarkeit der repräsentativen Optimierungsaufgabe erfolgt durch einen iterativen Prozeß, der in Abb. 21 veranschaulicht ist. Wir unterscheiden zunächst zwei Fälle:

1. Fall: Der Simplexprozeß wurde abgebrochen, weil die repräsentative Zielfunktion $\tilde{Z}$ auf der Menge M_Z der zulässigen Zielgebietslösungen unbeschränkt ist. Es liegt keine Besonderheit hinsichtlich des Vorliegens mehrerer Zielfunktionen vor. Die Bewertung der Unlösbarkeit entspricht dem allgemeinen Problem der linearen Optimierung. Wir verzichten auf eine weitere Verfolgung dieses Falles (Stop I).

2. Fall: Wurde der Simplexprozeß nicht aus dem Grunde des ersten Falles abgebrochen, gibt es nach der Theorie der linearen Optimierung nur die Möglichkeit, daß die Menge M_Z der zulässigen Zielgebietslösungen leer ist. Dann erhebt sich die Frage, ob die Unlösbarkeit durch Widersprüche in den Nebenbedingungen oder durch das Hinzutreten gewisser Zielgebietsbedingungen verursacht wird; denn davon hängt wesentlich die Beurteilung des Ergebnisses im Leitungsprozeß ab. Zur Beantwortung der aufgeworfenen Frage wird schrittweise jeweils eine Zielgebietsbedingung weggelassen und anschließend untersucht, ob die reduzierte Optimierungsaufgabe mit den rest-

Rechenschema 3

	BV	x_1	x_2	x_3	x_4	x_5	x_6	x_7	x_8	x_0	Q	$-\uparrow$
	x_1	1	0	0	0	0	1	0	0	9	9	-1
	x_2	0	1	0	0	$\frac{1}{3}$	$-\frac{4}{3}$	0	0	2		$\frac{4}{3}$
	x_3	0	0	1	0	-1	6	0	0	27	$\frac{9}{2}$	-6
←	x_4	0	0	0	1	-1	③	0	0	9	3	
	x_7	0	0	0	0	$\frac{1}{3}$	$\frac{11}{3}$	1	0	20	$\frac{60}{11}$	$-\frac{11}{3}$
	x_8	0	0	0	0	2	-7	0	1	6		7
	*	0	0	0	0	$\frac{7}{3}$	$-\frac{10}{3}$ ↑	0	0	68	*	$\frac{10}{3}$
	x_1	1	0	0	$-\frac{1}{3}$	$\frac{1}{3}$	0	0	0	6		
	x_2	0	1	0	$\frac{4}{9}$	$-\frac{1}{9}$	0	0	0	6		
	x_3	0	0	1	-2	1	0	0	0	9		
→	x_6	0	0	0	$\frac{1}{3}$	$-\frac{1}{3}$	1	0	0	3		
	x_7	0	0	0	$-\frac{11}{9}$	$\frac{14}{9}$	0	1	0	9		
	x_8	0	0	0	$\frac{7}{3}$	$-\frac{1}{3}$	0	0	1	27		
	*	0	0	0	$\frac{10}{9}$	$\frac{11}{9}$	0	0	0	78	*	

lichen Zielgebietsbedingungen lösbar ist. Dazu kann man sich der bekannten Verfahren der linearen Optimierung zur Modellreduktion bedienen (vgl. etwa [5]), die den erforderlichen Rechenaufwand in vertretbaren Grenzen halten. Dieses Vorgehen endet mit einem der folgenden Fälle:

Fall 2a: Es sind sämtliche Zielgebietsbedingungen gestrichen, und trotzdem erweist sich die lineare Optimierungsaufgabe als unlösbar. Folglich ist die Menge

M der zulässigen Lösungen leer. Die Analyse dieses Falles entspricht der allgemeinen Problematik der linearen Optimierung und enthält keine Besonderheiten hinsichtlich des Vorliegens mehrerer Zielfunktionen (Stop II).

Fall 2b: Nach Streichung einiger Zielgebietsbedingungen besitzt die reduzierte Optimierungsaufgabe eine Optimallösung. Ist die Zahl der gestrichenen Zielgebietsbedingungen gleich eins, kann die dieser Bedingung entsprechende Zielgebietschranke nicht erfüllt werden (Stop III). Das erfordert im Leitungsprozeß die Prüfung, ob die sich in der Zielgebietsschranke ausdrückende Niveauforderung gemildert werden kann.

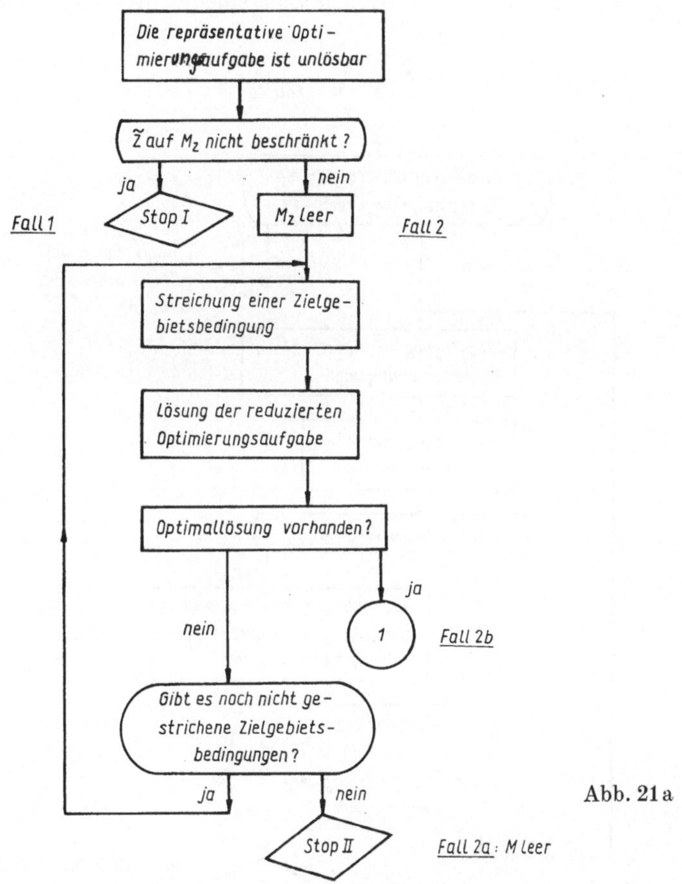

Abb. 21a

Wurden aber durch den bisherigen Reduktionsprozeß zwei und mehr Zielgebietsbedingungen gestrichen, muß das Vorgehen umgekehrt werden. Dazu sind gestrichene Zielgebietsbedingungen wieder hinzuzufügen, weil nicht gefolgert werden darf, daß die allen gestrichenen Zielgebietsbedingungen entsprechenden Zielgebietsschranken unerfüllbar sind. Allerdings sollte man diesen Prozeß der Modellerweiterung nicht mit der im letzten Schritt gestrichenen Zielgebietsbedingung beginnen. Der numerische Rechenaufwand wird durch die Verfahren der linearen Optimierung zur Modellerweiterung (vgl. etwa [5]) in vertretbaren Grenzen gehalten. Besitzt die erweiterte Aufgabe eine optimale Lösung, kann eine neue gestrichene Zielgebietsbedingung zur Modellerweiterung herangezogen werden. Anderenfalls ist die zur Modellerweiterung verwendete Zielgebietsbedingung und folglich die entsprechende Zielgebietsschranke nicht erfüllbar. Die Zielgebietsbedingung scheidet aus dem

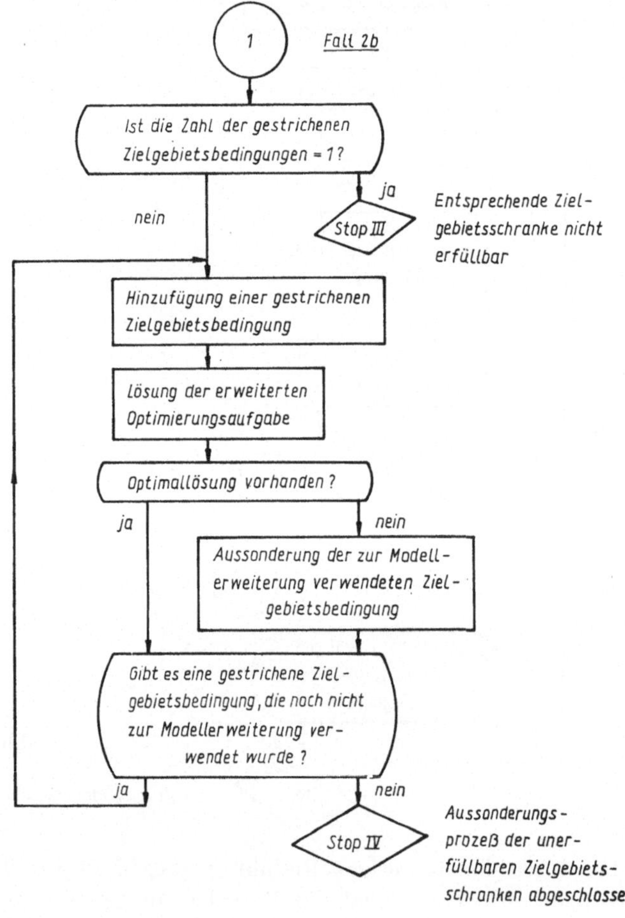

Abb. 21b

Prozeß der Modellerweiterung aus, und es wird eine andere gestrichene Zielgebietsbedingung zur Modellerweiterung gewählt. Gibt es keine derartigen Zielgebietsbedingungen mehr, ist der Lösungsprozeß abgeschlossen (Stop IV), und alle nicht erfüllbaren Zielgebietsschranken sind ausgesondert.

Das geschilderte Vorgehen zeigt, daß die Methoden der linearen Optimierung auch im Falle der Unlösbarkeit der repräsentativen Optimierungsaufgabe in der Lage sind, wertvolle Informationen über das unter mehreren Zielen betrachtete Problem zu liefern, falls man den Kompromiß des praktischen Zielgebietes akzeptiert. Insbesondere ist zu bemerken, daß die Ergebnisse des zweiten Falles völlig unabhängig von der Art der Wahl der repräsentativen Zielfunktion sind.

4. Bewertungsmethoden

Die Darlegungen der folgenden drei Kapitel beschäftigen sich mit numerischen Verfahren der linearen Vektoroptimierung. Dabei ist es nicht unser Anliegen, alle bisher entwickelten und erprobten Methoden der Optimierung unter mehrfacher Zielstellung zu behandeln. Vielmehr beschränken wir uns im wesentlichen darauf, die rechentechnisch am einfachsten realisierbaren und am meisten beschrittenen Vorgehen zu erörtern.

Zunächst werden in diesem Kapitel Methoden der linearen Vektoroptimierung behandelt, die bei der Organisation des numerischen Lösungsprozesses von einer gewissen Bewertung der mehrfachen Zielstellungen ausgehen, ohne daß diese Bewertung Veranlassung zur Erklärung von Ersatzzielfunktionen ist. Zur Unterscheidung von den anderen Verfahren der linearen Vektoroptimierung werden wir kurz von Bewertungsmethoden sprechen. In die Betrachtungen dieses Kapitels beziehen wir auch das Vorgehen der optimalen Entscheidungstabelle ein, obwohl es sachlich nur sehr schwer als ein echtes Lösungsverfahren bezeichnet werden kann. Numerische Verfahren, die auf der Wahl einer Ersatzzielfunktion beruhen, sollen erst im nächsten Kapitel zur Darstellung gelangen, während die auf spieltheoretischen Gedanken basierenden Lösungswege den Gegenstand des letzten Kapitels bilden.

Die numerischen Lösungsverfahren der linearen Vektoroptimierung sind im allgemeinen unabhängig von einer speziellen Kompromißtheorie. Dafür gibt es berechtigte Gründe. So kann man vielfach einen geeigneten Optimierungsprozeß auf der Basis der mehrfachen Zielsetzung organisieren, ohne Veränderungen an den Nebenbedingungen der Aufgabe vorzunehmen. Geht man nun von der Kompromißtheorie des praktischen Zielgebietes aus, sind in die Nebenbedingungen lediglich die Zielgebietsbedingungen aufzunehmen. Aber ein grundsätzlicher Unterschied in der Methodik ergibt sich dann nicht. Man kann es sogar als einen Vorteil der Kompromißtheorie des praktischen Zielgebietes ansehen, daß sie die Anwendung der meisten Verfahren der Polyoptimierung ermöglicht. Dagegen ist der Pareto-Kompromiß stark an den Lösungsweg der parametrischen Optimierung gebunden und entzieht sich so von selbst der Anwendung anderer Lösungsgedanken. Diese Bemerkung betrifft jedoch nicht Verfahren, die zwar ein Element der PARETO-Menge berechnen, ohne von der Kenntnis der gesamten Kompromißmenge auszugehen.

Wir werden uns im folgenden auf die Kompromißtheorie des praktischen Zielgebietes nur dann beziehen, wenn sich dadurch für das Lösungsverfahren zusätzliche Aussagen ergeben. Einige der Lösungsmethoden werden die Kompromißtheorie des praktischen Zielgebietes für den Fall ergänzen, daß Schranken für die Zielfunktionswerte erst im Laufe des Lösungsprozesses vorgebbar erscheinen.

4.1. Berechnung der optimalen Entscheidungstabelle

Wir haben wiederholt erwähnt, daß die Berechnung der optimalen Entscheidungstabelle eine sehr einfache, jedoch wenig befriedigende Methode der Optimierung unter mehrfacher Zielstellung ist. Dieses Vorgehen, das in seinen Grundzügen bereits in 2.1 besprochen wurde, kann weiter verbessert werden, wenn man die Kompromißtheorie des praktischen Zielgebietes anerkennt. Dazu haben wir die Optimallösungen $\boldsymbol{x}_j^*$, $j = 1, 2, \ldots, k$ der k linearen Optimierungsaufgaben (beachte die Beziehungen (10) und (38))

$$\left.\begin{aligned} &Z_j = \boldsymbol{c}_j'\boldsymbol{x} \ \max, \quad j = 1, 2, \ldots, k \\ &\boldsymbol{A}\boldsymbol{x} = \boldsymbol{b} \\ &\quad \boldsymbol{s} \leqq \boldsymbol{C}\boldsymbol{x} \leqq \boldsymbol{S} \\ &\boldsymbol{x} \geqq \boldsymbol{0} \end{aligned}\right\} \tag{46}$$

zu berechnen. Jede Optimallösung ist eine zulässige Zielgebietslösung und stellt damit eine Kompromißlösung dar. Folglich werden durch die Methode der optimalen Entscheidungstabelle k Kompromißlösungen (im Falle der Ausartung sind es gegebenenfalls mehr) berechnet, ohne eine Auswahl unter diesen Kompromißlösungen zu treffen.

Der numerische Rechenaufwand zur Bestimmung der optimalen Entscheidungstabelle braucht keineswegs den Umfang anzunehmen, der mit der getrennten Lösung der k linearen Optimierungsaufgaben verbunden wäre. Wir erkennen nämlich sofort, daß jede Optimallösung $\boldsymbol{x}_j^*$ im Sinne der mathematischen Theorie der linearen Optimierung eine zulässige Basislösung ist. Hat man also die Optimallösung $\boldsymbol{x}_1^*$ berechnet, wird sie als Startvektor für die Simplexmethode zur Ermittlung der Optimallösung $\boldsymbol{x}_2^*$ verwendet. Allgemein startet man den Lösungsprozeß der linearen Optimierungsaufgabe (46) für $j = 2, 3, \ldots, k$ von einer bereits bestimmten Optimallösung. Es ist zu erwarten, daß sich dadurch die Zahl der erforderlichen Simplexschritte wesentlich reduzieren läßt, weil die Optimallösungen meist sehr brauchbare Startvektoren darstellen werden.

Der beschriebene Lösungsprozeß zerfällt damit in k Etappen. In jeder Etappe wird hinsichtlich einer anderen Zielfunktion optimiert. Die Verwendung einer bereits berechneten Optimallösung als Startvektor setzt stets eine Umformung der neuen Zielfunktion im Sinne des vorbereitenden Schrittes der Simplexmethode voraus. Wollen wir z. B. $\boldsymbol{x}_2^*$ berechnen, muß die Zielfunktion Z_2 als Funktion der Nichtbasisvariablen der bereits berechneten Optimallösung $\boldsymbol{x}_1^*$ dargestellt werden. Um den Lösungsprozeß dadurch nicht zu unterbrechen, ist es sinnvoll, sämtliche Zielfunktionen in allen Etappen des Lösungsprozesses mitzuführen, zumal bei praktischen Aufgaben k im allgemeinen sehr klein gegenüber der Zahl der Nebenbedingungen sein wird. Das Rechenschema 1 der Simplexmethode von 2.6 wird dahingehend erweitert, daß für jede Zielfunktion eine Zeile im Tableau vorgesehen ist (Rechenschema 4). Die Zeile der Zielfunktion, bezüglich der in der jeweiligen Etappe optimiert wird, kennzeichnen wir am Zeilenkopf durch einen Stern (in Rechenschema 4 wird der Fall betrachtet, daß Z_1 die zu optimierende Zielfunktion ist). Alle übrigen $k - 1$ Zielfunktionen werden in dieser Etappe nur den

Rechenschema 4

BV	x_1 x_2 ... x_n	x_0	Q	$-\uparrow$
x_{s_1} x_{s_2} $\vdots$ x_{s_m}	Koeffizienten der Nebenbedingungen und Zielgebietsbedingungen	d_1 d_2 $\vdots$ d_m		
$*Z_1$ Z_2 $\vdots$ Z_k	Koeffizienten der Zielfunktionen	c_{10} c_{20} $\vdots$ c_{k0}	* * $\vdots$ *	

Simplextransformationen unterworfen. Ist ein Tableau optimal, finden sich in den Zeilen $Z_1, Z_2, \ldots, Z_k$ der Spalte x_0 (Zahlen $c_{10}, c_{20}, \ldots, c_{k0}$) die Werte der k Zielfunktionen für die berechnete Optimallösung. Bei dieser Organisation des Lösungsprozesses wird ohne Unterbrechung des Rechenablaufes in jeder Etappe eine Spalte der optimalen Entscheidungstabelle (vgl. mit Tab. 1 von 2.1) ermittelt. Da eine derartige Organisation des Rechenablaufes auch bei anderen Verfahren der linearen Vektoroptimierung erhebliche numerische Vorteile bringen kann, wollen wir das Vorgehen zusätzlich an einem Beispiel verdeutlichen.

Beispiel: Vorgelegt sei die lineare Vektoroptimierungsaufgabe (34), die entsprechend der Kompromißtheorie des praktischen Zielgebietes mit den Zielgebietsbedingungen $Z_1 \geqq 27$, $Z_2 \geqq 15$ verknüpft werden möge. Diese Aufgabe lautet in Normalform (beachte auch 3.2 und Abb. 17)

$$\begin{aligned}
&Z_1 = 5x_1 + x_2 \ \max\\
&Z_2 = x_1 + 6x_2 \ \max\\
&-2x_1 + 3x_2 + x_3 = 15\\
&x_1 + 3x_2 + x_4 = 24\\
&4x_1 + 3x_2 + x_5 = 42\\
&x_1 + x_6 = 9\\
&5x_1 + x_2 - x_7 = 27\\
&x_1 + 6x_2 - x_8 = 15\\
&x_i \geqq 0, \quad i = 1, 2, \dots, 8.
\end{aligned}$$

Durch ein Verfahren zur Berechnung einer ersten zulässigen Basislösung möge die zulässige Basislösung

$$\boldsymbol{x}' = (9, 1, 30, 12, 3, 0, 19, 0)$$

ermittelt worden sein (wir verfolgen diesen Lösungsweg hier nicht, um keine weiterreichenden Kenntnisse über die Lösungstheorie linearer Optimierungsaufgaben vorauszusetzen; vgl. dazu etwa [5]). Gleichzeitig ist damit eine Umformung der Zielfunktionen und des Restriktionssystems auf die Gestalt

$$\begin{aligned}
&Z_1 = 46 - \frac{29}{6} x_6 + \frac{1}{6} x_8\\
&Z_2 = 15 + x_8\\
&x_3 + \frac{5}{2} x_6 + \frac{1}{2} x_8 = 30\\
&x_4 - \frac{1}{2} x_6 + \frac{1}{2} x_8 = 12\\
&x_5 - \frac{7}{2} x_6 + \frac{1}{2} x_8 = 3\\
&x_1 + x_6 = 9\\
&\frac{29}{6} x_6 + x_7 - \frac{1}{6} x_8 = 19\\
&x_2 - \frac{1}{6} x_6 - \frac{1}{6} x_8 = 1\\
&x_i \geqq 0, \quad i = 1, 2, \dots, 8
\end{aligned}$$

Rechenschema 5

	BV	x_1	x_2	x_3	x_4	x_5	x_6	x_7	x_8	x_0	Q	$-\uparrow$
	x_3	0	0	1	0	0	$\frac{5}{2}$	0	$\frac{1}{2}$	30	60	$-\frac{1}{2}$
	x_4	0	0	0	1	0	$-\frac{1}{2}$	0	$\frac{1}{2}$	12	24	$-\frac{1}{2}$
$\leftarrow$	x_5	0	0	0	0	1	$-\frac{7}{2}$	0	$\boxed{\frac{1}{2}}$	3	6	
	x_1	1	0	0	0	0	1	0	0	9		0
	x_7	0	0	0	0	0	$\frac{29}{6}$	1	$-\frac{1}{6}$	19		$\frac{1}{6}$
	x_2	0	1	0	0	0	$-\frac{1}{6}$	0	$-\frac{1}{6}$	1		$\frac{1}{6}$
*	Z_1	0	0	0	0	0	$\frac{29}{6}$	0	$-\frac{1}{6}\uparrow$	46	*	$\frac{1}{6}$
	Z_2	0	0	0	0	0	0	0	-1	15	*	1
	x_3	0	0	1	0	-1	6	0	0	27	$\frac{9}{2}$	-6
$\leftarrow$	x_4	0	0	0	1	-1	③	0	0	9	3	
$\rightarrow$	x_8	0	0	0	0	2	-7	0	1	6		7
	x_1	1	0	0	0	0	1	0	0	9	9	-1
	x_7	0	0	0	0	$\frac{1}{3}$	$\frac{11}{3}$	1	0	20	$\frac{60}{11}$	$-\frac{11}{3}$
	x_2	0	1	0	0	$\frac{1}{3}$	$-\frac{4}{3}$	0	0	2		$\frac{4}{3}$
	Z_1	0	0	0	0	$\frac{1}{3}$	$\frac{11}{3}$	0	0	47	*	$-\frac{11}{3}$
*	Z_2	0	0	0	0	2	$-7\uparrow$	0	0	21	*	7

Rechenschema 5 (Fortsetzung)

	BV	x_1	x_2	x_3	x_4	x_5	x_6	x_7	x_8	x_0	Q	$-\uparrow$
	x_3	0	0	1	-2	1	0	0	0	9	9	-1
→	x_6	0	0	0	$\frac{1}{3}$	$-\frac{1}{3}$	1	0	0	3		$\frac{1}{3}$
	x_8	0	0	0	$\frac{7}{3}$	$-\frac{1}{3}$	0	0	1	27		$\frac{1}{3}$
	x_1	1	0	0	$-\frac{1}{3}$	$\frac{1}{3}$	0	0	0	6	18	$-\frac{1}{3}$
←	x_7	0	0	0	$-\frac{11}{9}$	$\frac{14}{9}$	0	1	0	9	$\frac{81}{14}$	
	x_2	0	1	0	$\frac{4}{9}$	$-\frac{1}{9}$	0	0	0	6		$\frac{1}{9}$
	Z_1	0	0	0	$-\frac{11}{9}$	$\frac{14}{9}$	0	0	0	36	*	$-\frac{14}{9}$
*	Z_2	0	0	0	$\frac{7}{3}$	$-\frac{1}{3}$ ↑	0	0	0	42	*	$\frac{1}{3}$
	x_3	0	0	1	$-\frac{17}{14}$	0	0	$-\frac{9}{14}$	0	$\frac{45}{14}$		
	x_6	0	0	0	$\frac{1}{14}$	0	1	$\frac{3}{14}$	0	$\frac{69}{14}$		
	x_8	0	0	0	$\frac{29}{14}$	0	0	$\frac{3}{14}$	1	$\frac{405}{14}$		
	x_1	1	0	0	$-\frac{1}{14}$	0	0	$\frac{11}{14}$	0	$\frac{57}{14}$		
→	x_5	0	0	0	$-\frac{11}{14}$	1	0	$\frac{9}{14}$	0	$\frac{81}{14}$		
	x_2	0	1	0	$\frac{5}{14}$	0	0	$\frac{1}{14}$	0	$\frac{93}{14}$		
	Z_1	0	0	0	0	0	0	-1	0	27	*	
	Z_2	0	0	0	$\frac{29}{14}$	0	0	$\frac{3}{14}$	0	$\frac{615}{14}$	*	

verbunden. Der weitere Lösungsprozeß der Simplexmethode ist im Rechenschema 5 festgehalten. In der ersten Etappe erfolgt die Optimierung bezüglich der Zielfunktion Z_1 (Merkzeichen * am Zeilenkopf).

Bereits beim zweiten Tableau ist Optimalität für Z_1 erreicht. Der Spalte x_0 können die Zahlen 47 und 21 entnommen werden, denen die erste Spalte der optimalen Entscheidungstabelle entspricht. Beim weiteren Lösungsprozeß wird Optimalität für Z_2 angestrebt. Nach zwei weiteren Simplexschritten ist die Optimallösung unter dem Einzelziel Z_2 berechnet.

Durch den Lösungsprozeß haben wir die Optimallösungen

$$\boldsymbol{x}_1^{*\prime} = (9, 2, 27, 9, 0, 0, 20, 6)$$

$$\boldsymbol{x}_2^{*\prime} = \frac{1}{14}(57, 93, 45, 0, 81, 69, 0, 405)$$

gefunden. In Tab. 4 ist die optimale Entscheidungstabelle enthalten. Damit sind wir auf rechnerischem Wege zu den Ergebnissen gelangt, die wir bereits in 2.9 und 2.10 graphisch hergeleitet haben.

Tabelle 4

	$\boldsymbol{x}_1^*$	$\boldsymbol{x}_2^*$
$Z_1(\boldsymbol{x})$	$47 = Z_1^{\max}$	27
$Z_2(\boldsymbol{x})$	21	$\frac{615}{14} = Z_2^{\max}$

Bemerkung: Führt man den Optimalitätstest in jeder Etappe nicht nur bezüglich der zu optimierenden Zielfunktion aus, sondern auch für alle Zielfunktionen, deren zugehörige Optimallösungen bisher noch nicht berechnet wurden, läßt sich der Rechenaufwand gegebenenfalls weiter reduzieren. Denn der Simplexprozeß kann uns über Optimallösungen führen, deren Berechnung in der jeweiligen Etappe nicht verfolgt wird.

Der hauptsächliche Einwand gegen die Methode der optimalen Entscheidungstabelle bezieht sich auf die Tatsache, daß zwar eine überschaubare Menge von Kompromißlösungen hergeleitet, jedoch ein Vorschlag für eine optimale Verhaltensweise nicht gegeben wird. Diesem Nachteil versucht man gelegentlich dadurch entgegenzuwirken, daß man eine *konvexe Linearkombination der Optimallösungen* $\boldsymbol{x}_1^*, \boldsymbol{x}_2^*, \ldots, \boldsymbol{x}_k^*$ unter den k Einzelzielen Z_1, $Z_2, \ldots, Z_k$ bildet (vgl. etwa [1])

$$\boldsymbol{x} = g_1\boldsymbol{x}_1^* + g_2\boldsymbol{x}_2^* + \cdots + g_k\boldsymbol{x}_k^*. \tag{47}$$

Dabei setzt man voraus, daß *Gewichte* $g_1, g_2, \ldots, g_k$ als Bewertung der Einzeloptima vorgegeben sind. In unserem obigen Beispiel würde sich durch dieses Vorgehen ein Punkt P des Abschnittes BP_1 von Abb. 22 (vgl. mit Abb. 19,

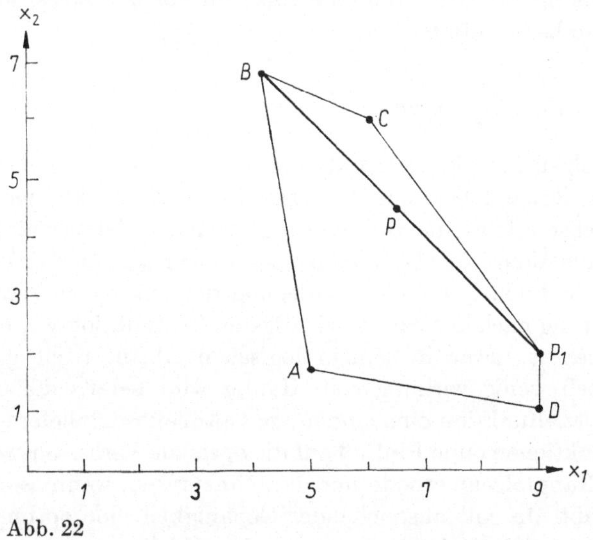

Abb. 22

hierbei sind B und P_1 die Optimalpunkte unter den beiden Einzelzielen) ergeben, falls wir die Wahl der Gewichtskoeffizienten mit der Forderung

$$g_j \geqq 0, \quad j = 1, 2, \ldots, k,$$

$$\sum_{j=1}^{k} g_j = 1$$

verbinden. Gegen den Lösungsvorschlag (47) lassen sich zwei wesentliche Argumente geltend machen:

1. Mathematisch kann der Vektor $\boldsymbol{x}$ wenig befriedigen, da sich zwangsläufig geeignetere Lösungsvorschläge anbieten (die PARETO-Menge würde z. B. aus den Abschnitten BC und CP_1 bestehen).
2. Ökonomisch dürfte es schwer möglich sein, eine vernünftige Wahl der Gewichte zu begründen (man beachte, daß hier eine gewichtete Addition der Optimallösungen und nicht, wie in Kap. 5, der Zielfunktionen zu erfolgen hat), selbst wenn ein vollständiges Präferenzensystem für die möglichen Verhaltensweisen vorliegt (vgl. zu dieser Problematik etwa [17]).

So entspricht dem Lösungsansatz (47) wohl mehr der Wunsch, eine eindeutige Verhaltensweise im Ergebnis der Anwendung mathematischer Methoden herzuleiten. Anders verhält es sich jedoch, wenn die Wahl der Koeffizienten der Linearkombination, wie in Kap. 6, durch entsprechende Überlegungen begründet werden kann. Das weist bereits darauf hin, daß wir im folgenden Verfahren kennenlernen werden, die eine Auswahl auf der Basis der optimalen Entscheidungstabelle treffen.

4.2. Die Rangfolgenmethode

Sind Rangfolgen für die Zielfunktionen gegeben, kann der Optimierungsprozeß in der Reihenfolge der Wichtigkeit der Zielfunktionen organisiert werden. Zunächst erfolgt die Optimierung bezüglich der primären Zielfunktion. Enthält die Menge der Optimallösungen mehr als ein Element, wird die noch bestehende Freiheit bei der Festlegung der optimalen Verhaltensweise durch Optimierung nach der nächst wichtigsten Zielfunktion weiter eingeengt. Dieses Vorgehen ist zwar in seinem logischen Ablauf recht einleuchtend, praktisch jedoch wenig wirkungsvoll. Häufig wird bereits die Optimierung nach der Hauptzielfunktion eine eindeutige Optimallösung liefern, so daß alle anderen Zielfunktionen ohne Einfluß auf die optimale Verhaltensweise bleiben. Daher ist die Rangfolgenmethode nur dann anzuraten, wenn es eine primäre Zielfunktion gibt, die mit ausreichender Genauigkeit eine optimale Auswahl begründen kann, und lediglich bei einer noch verbleibenden Auswahlmöglichkeit weitere Zielfunktionen entsprechend der Rangfolge herangezogen werden. Ansonsten sollte man sich gleich auf Hauptzielfunktionsmethoden beziehen, die die übrigen Ziele in geeignet erscheinender Weise zu berücksichtigen versuchen.

Der numerische Lösungsprozeß der Rangfolgenmethode ist denkbar einfach. Zunächst berechnen wir die Gesamtheit der optimalen zulässigen Basislösungen der linearen Optimierungsaufgabe bezüglich des primären Zieles. Das kann mit den bekannten Lösungsverfahren der linearen Optimierung erfolgen (s. etwa [5]). Gibt es mehr als eine optimale zulässige Basislösung, wird für jede der Wert der Zielfunktion bezüglich des nächst wichtigsten Zieles berechnet. Auf diesem Wege wird unter den optimalen zulässigen Basislösungen schrittweise eine eindeutige Auswahl angestrebt. Dieser Auswahlprozeß aus der Menge der optimalen zulässigen Basislösungen ist mathematisch durch die Tatsache begründet, daß die Gesamtheit der Optimallösungen ein konvexes Polyeder bildet, falls der Bereich der zulässigen Lösungen beschränkt ist.

Beispiel: Wir wollen das Vorgehen der Rangfolgenmethode lediglich graphisch für die lineare Vektoroptimierungsaufgabe (vgl. Aufgabe (34))

$$Z_1 = 4x_1 + 3x_2 \quad \max$$

$$Z_2 = x_1 + 6x_2 \quad \max$$

$$\begin{aligned} -2x_1 + 3x_2 &\leqq 15 \\ x_1 + 3x_2 &\leqq 24 \\ 4x_1 + 3x_2 &\leqq 42 \\ x_1 &\leqq 9 \\ x_1, x_2 &\geqq 0 \end{aligned}$$

verfolgen. Z_1 sei die Hauptzielfunktion. Den optimalen zulässigen Basislösungen entsprechen die Eckpunkte C und P_1 von Abb. 23 (die Geradenschar $Z_1 = \text{const}$ ist zur Begrenzungsgerade $4x_1 + 3x_2 = 42$ parallel). Unter den

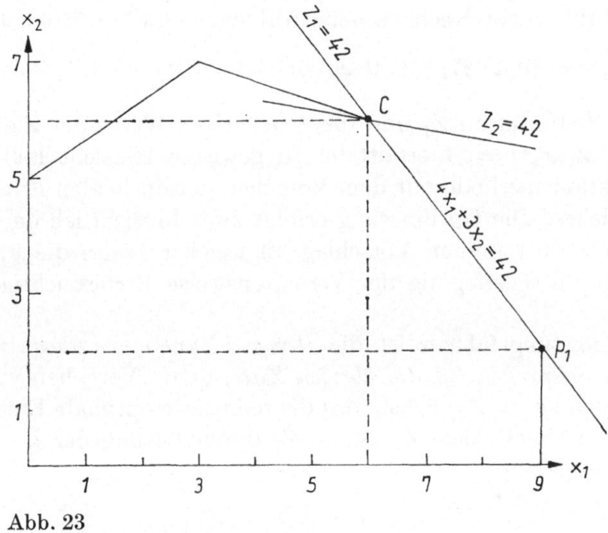

Abb. 23

beiden optimalen Eckpunkten $C = (6, 6)$ und $P = (9, 2)$ entscheiden wir uns mittels der zweiten Zielfunktion für den Punkt C, da

$$Z_2(6, 6) = 6 + 36 = 42,$$
$$Z_2(9, 2) = 9 + 12 = 21$$

gilt.

4.3. *Hauptzielfunktionsmethoden*

Ist eine lineare Vektoroptimierungsaufgabe mit einer Hauptzielfunktion gegeben, beschränkt man sich vielfach auf die Optimierung nach der primären Zielfunktion, überwacht die übrigen Ziele, indem man sie als zusätzliche Nebenbedingungen im Lösungsprozeß mitführt und in jedem Simplexschritt die Werte aller Zielfunktionen berechnet. In Anlehnung an das Vorgehen in 4.1 erfolgt bei der *Methode der primären Zielfunktion mit Überwachung der übrigen Ziele* folgende Organisation des Rechenablaufes: Die Simplextabelle enthält, wie in Rechenschema 4, alle k Zielfunktionen. Optimiert wird allerdings nur bezüglich der primären Zielfunktion (wir ordnen Z_1 diese Rolle zu), während alle übrigen $k - 1$ Zielfunktionen lediglich den Simplextransformationen unterworfen werden. Im Ergebnis des Rechenprozesses erhalten wir die Optimallösung für die Hauptzielfunktion und die zugehörigen Werte aller k Zielfunktionen (das entspricht der ersten Spalte der optimalen Entscheidungstabelle). Für das Beispiel von 4.1 würde damit der Lösungsprozeß bereits mit dem zweiten Tableau von Rechenschema 5 abbrechen. Wir würden die Optimallösung

$$\boldsymbol{x}_1{}^{*\prime} = (9, 2, 27, 9, 0, 0, 20, 6)$$

der primalen Zielfunktion Z_1 und die zugehörigen Werte der Zielfunktionen $Z_1(\boldsymbol{x}_1{}^*) = 47$, $Z_2(\boldsymbol{x}_1{}^*) = 21$ ermitteln. In gewisser Hinsicht läßt sich diese Hauptzielfunktionsmethode mit dem Vorgehen der optimalen Entscheidungstabelle vergleichen. Die Optimierung erfolgt zwar hinsichtlich der Hauptzielfunktion, liefert aber keinen Vorschlag, in welcher Weise die übrigen Zielfunktionen für die Festlegung der Verhaltensweise Berücksichtigung finden sollten.

Wesentlich leistungsfähiger ist die *Hauptzielfunktionsmethode mit Berücksichtigung von Schranken für die übrigen Ziele*, deren Vorgehen wie folgt beschrieben werden kann: Zunächst wird die reduzierte optimale Entscheidungstabelle für die übrigen Ziele $Z_2, Z_3, \ldots, Z_k$ durch Lösung der $k - 1$ linearen Optimierungsaufgaben

$$\left.\begin{aligned} Z_j &= \boldsymbol{c}_j{}'\boldsymbol{x} \quad \max, \qquad j = 2, 3, \ldots, k \\ \boldsymbol{A}\boldsymbol{x} &= \boldsymbol{b} \\ \boldsymbol{x} &\geqq \boldsymbol{0} \end{aligned}\right\} \tag{48}$$

berechnet. Dabei klammern wir das Vorliegen von Zielgebietsbedingungen aus später zu erörternden Gründen aus. Der numerische Lösungsprozeß zur Ermittlung der reduzierten optimalen Entscheidungstabelle wird auf der Basis des in 4.1 beschriebenen Vorgehens organisiert. Diese Entscheidungstabelle dient zur Festlegung von Schranken r_j für die $k - 1$ Zielfunktionen $Z_2, Z_3, \ldots, Z_k$

$$\boldsymbol{c}_j{}'\boldsymbol{x} \geqq r_j, \qquad j = 2, 3, \ldots, k. \tag{49}$$

Dabei muß natürlich

$$r_j \leqq Z_j(\boldsymbol{x}_j{}^*), \qquad j = 2, 3, \ldots, k$$

gelten, wenn $\boldsymbol{x}_j^*$ wie üblich die Optimallösung der Aufgabe (48) bezeichnet. Man beachte jedoch: Die Angabe solcher Schranke r_j ist grundsätzlich mit der Problematik verbunden, daß sie zu Beschränkungen für die Variationsmöglichkeiten der übrigen Ziele führt. Bezeichnet z. B. P_j in Abb. 24 den Optimalpunkt bezüglich eines Zieles Z_j, bewirkt die Festlegung der Schranke r_j, daß der Optimalpunkt P_i eines anderen Zieles Z_i nicht mehr erreichbar ist.

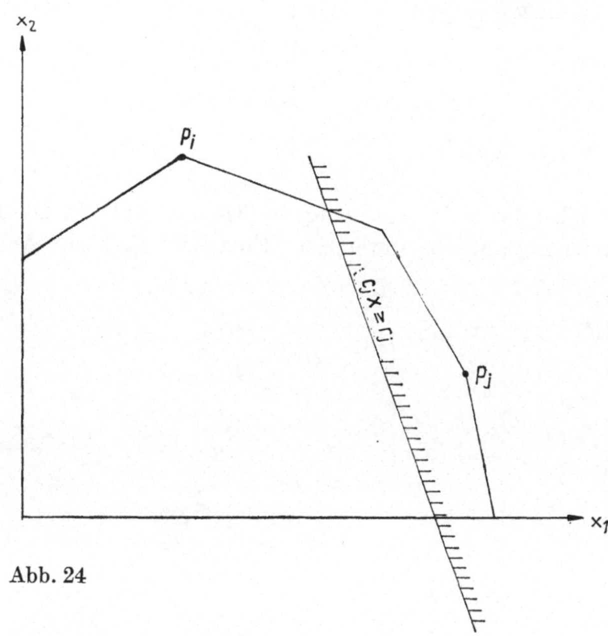

Abb. 24

Die lineare Optimierungsaufgabe mit der Hauptzielfunktion Z_1

$$\begin{aligned} Z_1 &= \boldsymbol{c}_1'\boldsymbol{x} \quad \max \\ \boldsymbol{A}\boldsymbol{x} &= \boldsymbol{b} \\ \boldsymbol{x} &\geqq \boldsymbol{0} \end{aligned}$$

wird jetzt durch die $k-1$ zusätzlichen Nebenbedingungen (49) erweitert, so daß sich die Lösung der linearen Vektoroptimierungsaufgabe als Lösung der linearen Optimierungsaufgabe

$$\begin{aligned} Z_1 &= \boldsymbol{c}_1'\boldsymbol{x} \quad \max \\ \boldsymbol{A}\boldsymbol{x} &= \boldsymbol{b} \\ \boldsymbol{c}_j'\boldsymbol{x} &\geqq r_j, \qquad j = 2, 3, \ldots, k \\ \boldsymbol{x} &\geqq \boldsymbol{0} \end{aligned}$$

ergibt.

Beispiel: Wir betrachten die lineare Vektoroptimierungsaufgabe

$$\left.\begin{array}{r} Z_1 = 5x_1 + x_2 \quad \max \\ Z_2 = x_1 + 6x_2 \quad \max \\ -2x_1 + 3x_2 \leqq 15 \\ x_1 + 3x_2 \leqq 24 \\ 4x_1 + 3x_2 \leqq 42 \\ x_1 \leqq 9 \\ x_1, x_2 \geqq 0 \end{array}\right\} \tag{50}$$

mit der Hauptzielfunktion Z_1 (vgl. Aufgabe (34) und Abb. 9). Die Lösung der linearen Optimierungsaufgabe unter dem Einzelziel Z_2 kann Abb. 25a ent-

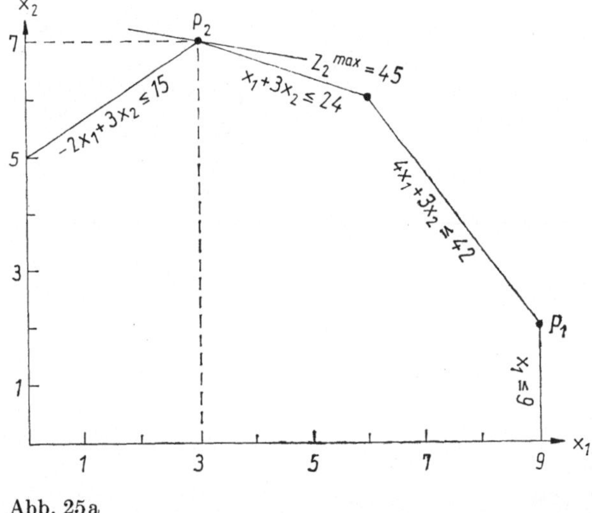

Abb. 25a

nommen werden. Die reduzierte optimale Entscheidungstabelle enthält in diesem einfachen Beispiel nur die Zahl

$$Z_2^{\max} = Z_2(\boldsymbol{x}_2^*) = 45.$$

Auf Grund dieses Ergebnisses möge es vertretbar erscheinen, daß die Erfüllung des zweiten Zieles bei Einhaltung der Schranke

$$r_2 = 27$$

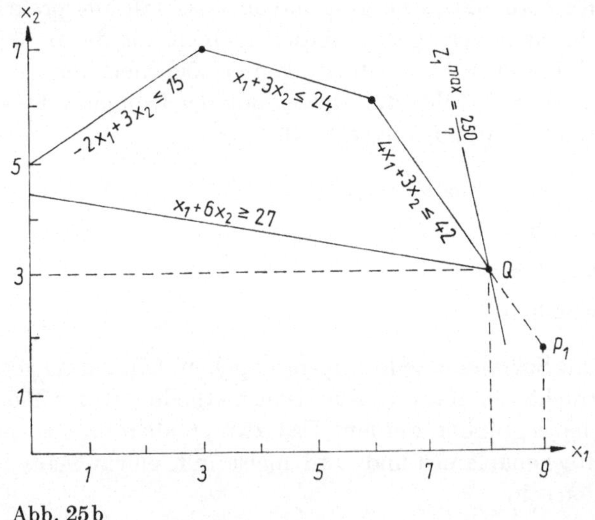

Abb. 25b

ausreichend gesichert ist. Folglich haben wir im weiteren Lösungsprozeß die lineare Optimierungsaufgabe

$$\begin{aligned} Z_1 = 5x_1 + x_2 &\quad \max \\ -2x_1 + 3x_2 &\leqq 15 \\ x_1 + 3x_2 &\leqq 24 \\ 4x_1 + 3x_2 &\leqq 42 \\ x_1 &\leqq 9 \\ x_1 + 6x_2 &\geqq 27 \\ x_1, x_2 &\geqq 0 \end{aligned}$$

zu betrachten. Abb. 25b kann die Optimallösung (Punkt Q)

$$x_1 = \frac{57}{7}, \qquad x_2 = \frac{22}{7}$$

mit dem optimalen Wert $Z_1 = \dfrac{250}{7}$ für die primäre Zielfunktion entnommen werden. Dem Punkt P_1 würde die Optimallösung unter dem Einzelziel Z_1 ohne Berücksichtigung der Zusatzbedingung $x_1 + 6x_2 \geqq 27$ entsprechen.

Das Vorgehen der beschriebenen Hauptzielfunktionsmethode verfolgt in vieler Hinsicht das Anliegen der Kompromißtheorie des praktischen Zielgebietes. Die Kompromißtheorie ging davon aus, daß aus praktischer Sicht Zielfunktionsschranken vorgegeben werden können, die die Berücksichtigung aller Ziele durch die Zielgebietsbedingungen ermöglichen. Bei Vorliegen einer primären Zielfunktion Z_1 führt die Anwendung der Kompromißtheorie auf die Lösung der Optimierungsaufgabe (vgl. (46))

$$\begin{aligned} Z_1 &= \boldsymbol{c}_1'\boldsymbol{x} \quad \max \\ \boldsymbol{A}\boldsymbol{x} &= \boldsymbol{b} \\ \boldsymbol{s} \leqq \boldsymbol{C}&\boldsymbol{x} \leqq \boldsymbol{S} \\ \boldsymbol{x} &\geqq \boldsymbol{0}. \end{aligned}$$

Lassen sich solche Schranken jedoch nicht angeben, können sie gegebenenfalls mittels der betrachteten Hauptzielfunktionsmethode auf der Basis der Entscheidungstabelle begründet werden. Das zwingt allerdings zu einer Unterbrechung des Rechenablaufes und wird meist mit einem Mensch-Maschine-Dialog verbunden sein.

4.4. *Die Methode der Niveauerreichung*

Ein ähnliches Grundanliegen wie die Kompromißtheorie des praktischen Zielgebietes verfolgt auch die Methode der Niveauerreichung, da sie die Sicherung des Niveaus für alle Ziele anstrebt. Zur Anwendung der Methode müssen für alle Ziele Z_j Schranken s_j vor Beginn des Lösungsprozesses gegeben sein, so daß

$$Z_j = \boldsymbol{c}_j'\boldsymbol{x} \geqq s_j, \qquad j = 1, 2, \ldots, k$$

gefordert werden kann. Die Unterschiedlichkeit der Schrankenbezeichnung gegenüber 4.3 soll darauf hindeuten, daß sich die Schranken nicht auf der Grundlage eines Rechenprozesses, sondern durch vorbereitende praktische Erwägungen ergeben.

Zunächst wird die lineare Optimierungsaufgabe

$$\max \{Z_1 \mid \boldsymbol{A}\boldsymbol{x} = \boldsymbol{b}, \boldsymbol{x} \geqq \boldsymbol{0}\}$$

dem Lösungsprozeß unterworfen. Sobald aber der Wert der Zielfunktion Z_1 die Schranke s_1 überschritten hat, wird der Optimierungsprozeß abgebrochen. Daran schließt sich eine Optimierungsphase bezüglich der Zielfunktion Z_2 an. Zusätzlich muß gesichert werden, daß das erreichte Niveau für Z_1 erhalten bleibt. In der zweiten Etappe ist also die Optimierungsaufgabe

$$\max \{Z_2 \mid \boldsymbol{A}\boldsymbol{x} = \boldsymbol{b}, \boldsymbol{c}_1'\boldsymbol{x} \geqq s_1, \boldsymbol{x} \geqq \boldsymbol{0}\}$$

zu betrachten. Der Lösungsprozeß bricht ab, wenn das Niveau für alle Ziele erreicht ist.

Die Methode der Niveauerreichung strebt im Prinzip einen echten Optimierungsprozeß überhaupt nicht an. Faktisch endet der Lösungsprozeß mit der Konstruktion einer zulässigen Zielgebietslösung (wenn wir unterstellen, daß von oberen Schranken für die Ziele abgesehen werden kann). Wir verzichten daher auf eine sorgfältige Organisation des Rechenprozesses, weil die Kompromißtheorie des praktischen Zielgebietes dem Anliegen weit besser entsprechen dürfte.

4.5. Die Konzessionsmethode

Die in 4.2 geschilderten Schwierigkeiten der Rangfolgenmethode, eine vorliegende Präferenzenfolge für die Zielfunktionen wirkungsvoll auszuschöpfen, haben eine Modifikation des Vorgehens angeregt, die man als *Konzessionsmethode, δ-Methode* oder *Umgebungsmethode* bezeichnen kann.

Zur Beschreibung des Vorgehens der Konzessionsmethode denken wir uns die Zielfunktionen in der Reihenfolge ihrer Wichtigkeit angeordnet. Z_1 sei die primäre Zielfunktion. In der ersten Etappe des Rechenprozesses erfolgt die Optimierung nach der primären Zielfunktion, d. h. die Lösung der linearen Optimierungsaufgabe

$$\max \{Z_1 \mid \boldsymbol{Ax} = \boldsymbol{b}, \boldsymbol{x} \geqq \boldsymbol{0}\}. \tag{51}$$

Die Konzessionsmethode geht nun von der Annahme aus, daß eine bestimmte Konzession für das primäre Ziel vertretbar erscheint, um ein Ergebnis zu erhalten, das auch hinsichtlich der anderen Ziele befriedigt. So kann man z. B. eine 90%ige Erreichung des optimalen Ergebnisses $Z_1^{\max}$ als zulässige Konzession ansehen. Dann stützt sich der weitere Auswahlprozeß nicht nur auf die Optimallösungen von (51), sondern auf alle zulässigen Lösungen, die das optimale Ergebnis hinreichend befriedigen. Die Konzessionsmethode verwendet damit ein Entscheidungsprinzip, das vielfältige Anwendungen in der Praxis besitzt. Denn häufig ist man gezwungen, bestimmte Konzessionen bei einem noch so wichtigen Ziel zuzulassen, um auch für die übrigen Ziele ein brauchbares Ergebnis zu erhalten.

Bezeichnen wir mit δ_1 die Konzession bezüglich des ersten optimalen Ergebnisses, haben wir den weiteren Lösungsprozeß mit der Bedingung ($\delta_1 > 0$)

$$Z_1(\boldsymbol{x}) \geqq Z_1^{\max} - \delta_1 \tag{52}$$

zu verknüpfen. Folglich ist die Nebenbedingung

$$\boldsymbol{c}_1'\boldsymbol{x} \geqq Z_1^{\max} - \delta_1$$

zu ergänzen und der Lösungsprozeß in der zweiten Etappe für die lineare Optimierungsaufgabe

$$\max\{Z_2 \mid \boldsymbol{Ax} = \boldsymbol{b}, \boldsymbol{c}_1'\boldsymbol{x} \geqq Z_1^{\max} - \delta_1, \boldsymbol{x} \geqq \boldsymbol{0}\} \tag{53}$$

durchzuführen. Nach Festlegung einer Konzession δ_2 und Ergänzung der Nebenbedingung

$$\boldsymbol{c}_2'\boldsymbol{x} \geqq Z_2^{\max} - \delta_2$$

kann zur dritten Etappe übergegangen werden. Man beachte, daß $Z_2^{\max}$ im Gegensatz zur früher häufig verwendeten Bezeichnungsweise nicht den Optimalwert für das Einzelziel Z_2, sondern den Optimalwert der Aufgabe (53) ausdrückt.

In jeder Etappe ist eine neue Konzession zu begründen, was meist einen Mensch-Maschine-Dialog voraussetzt. Gleichzeitig wird in jeder Etappe eine weitere Nebenbedingung ergänzt.

Die numerische Organisation des Rechenprozesses startet mit einem Simplextableau, das sämtliche k Ziele enthält. In der ersten Etappe erfolgt die Optimierung bezüglich Z_1, während alle übrigen Ziele lediglich mittransformiert werden. Im optimalen Tableau der ersten Etappe steht in der Zeile Z_1 der Ausdruck

$$Z_1(\boldsymbol{x}) = Z_1^{\max} - \sum_{j \in I} \bar{c}_j x_j .$$

Dabei bezeichnet I die Indexmenge der Nichtbasisvariablen der Optimallösung. Die Bedingung (52) kann daher auch in der Gestalt

$$-\sum_{j \in I} \bar{c}_j x_j \geqq -\delta_1$$

oder

$$\sum_{j \in I} \bar{c}_j x_j \leqq \delta_1$$

geschrieben werden. Führen wir eine neue Schlupfvariable x_{n+1} ein, haben wir in der zweiten Etappe die Zusatzbedingungen

$$\sum_{j \in I} \bar{c}_j x_j + x_{n+1} = \delta_1 ,$$
$$x_{n+1} \geqq 0$$

zu betrachten.

In der zweiten Etappe ist damit folgendermaßen vorzugehen: Die Simplextabelle wird um eine Spalte x_{n+1} erweitert und die Zielfunktionszeile Z_1 in die Nebenbedingungen mit der Änderung aufgenommen, daß $Z_1^{\max}$ durch δ_1

zu ersetzen ist. Wir haben eine Nebenbedingung mehr und eine Zielfunktionszeile weniger. Wegen $\delta_1 > 0$ startet die zweite Etappe mit dem alten Optimalpunkt, wobei x_{n+1} die zusätzliche Basisvariable ist. Die Ergänzung der Nebenbedingung (52) kann also ohne Unterbrechung des Rechenablaufes erfolgen. Jedoch wird der Vorteil dieser Organisation des Rechenprozesses dadurch z. T. aufgehoben, daß die Festlegung von δ_1 meist erst nach Kenntnis von $Z_1^{\max}$ erfolgt.

Beispiel: Wir betrachten die lineare Vektoroptimierungsaufgabe (50) mit der primären Zielfunktion Z_1. In der ersten Etappe wird die lineare Optimierungsaufgabe

$$\begin{aligned} Z_1 &= 5x_1 + x_2 \quad \max \\ -2x_1 + 3x_2 &\leqq 15 \\ x_1 + 3x_2 &\leqq 24 \\ 4x_1 + 3x_2 &\leqq 42 \\ x_1 \qquad &\leqq 9 \\ x_1, x_2 &\geqq 0 \end{aligned}$$

berechnet. Ihr Lösungsprozeß ist in Rechenschema 6 festgehalten. Die Zielfunktion $Z_2 = x_1 + 6x_2$ wird dabei mittransformiert. Nach zwei Simplexschritten finden wir die Optimallösung

$$\boldsymbol{x}_1{}^{*\prime} = (9, 2, 27, 9, 0, 0).$$

Ihr entspricht der Punkt P_1 von Abb. 26 (vgl. mit Abb. 25a). Es gilt

$$Z_1^{\max} = 47,$$

und es sei

$$\delta_1 = 5$$

vertretbar.

Um den Übergang zur zweiten Etappe nochmals im Beispiel zu verdeutlichen, entnehmen wir dem letzten Tableau von Rechenschema 6 die Beziehung

$$Z_1 = 47 - \frac{1}{3} x_5 - \frac{11}{3} x_6 .$$

Die Forderung (52) besagt (für sie können wir auch $5x_1 + x_2 \geqq 42$ schreiben)

$$\begin{aligned} 47 - \frac{1}{3} x_5 - \frac{11}{3} x_6 &\geqq 47 - 5, \\ \frac{1}{3} x_5 + \frac{11}{3} x_6 &\leqq 5. \end{aligned}$$

Rechenschema 6

	BV	x_1	x_2	x_3	x_4	x_5	x_6	x_0	Q	$-\uparrow$
	x_3	-2	3	1	0	0	0	15		2
	x_4	1	3	0	1	0	0	24	24	-1
	x_5	4	3	0	0	1	0	42	$\frac{21}{2}$	-4
$\leftarrow$	x_6	①	0	0	0	0	1	9	9	
*	Z_1	$-5\uparrow$	-1	0	0	0	0	0	*	5
	Z_2	-1	-6	0	0	0	0	0	*	1
	x_3	0	3	1	0	0	2	33	11	-3
	x_4	0	3	0	1	0	-1	15	5	-3
$\leftarrow$	x_5	0	③	0	0	1	-4	6	2	
$\rightarrow$	x_1	1	0	0	0	0	1	9		0
*	Z_1	0	$-1\uparrow$	0	0	0	5	45	*	1
	Z_2	0	-6	0	0	0	1	9	*	6
	x_3	0	0	1	0	-1	6	27		
	x_4	0	0	0	1	-1	3	9		
$\rightarrow$	x_2	0	1	0	0	$\frac{1}{3}$	$-\frac{4}{3}$	2		
	x_1	1	0	0	0	0	1	9		
*	Z_1	0	0	0	0	$\frac{1}{3}$	$\frac{11}{3}$	47	*	
	Z_2	0	0	0	0	2	-7	21	*	

Mit Einführung der neuen Schlupfvariablen $x_7 \geqq 0$ haben wir die Zusatzbedingung

$$\frac{1}{3}x_5 + \frac{11}{3}x_6 + x_7 = 5$$

zu betrachten. Folglich geht das letzte Tableau von Rechenschema 6 automatisch in das Starttableau der zweiten Etappe (Rechenschema 7) über,

Rechenschema 7

	BV	x_1	x_2	x_3	x_4	x_5	x_6	x_7	x_0	Q	$-\uparrow$
	x_3	0	0	1	0	-1	6	0	27	$\frac{9}{2}$	-6
	x_4	0	0	0	1	-1	3	0	9	3	-3
	x_2	0	1	0	0	$\frac{1}{3}$	$-\frac{4}{3}$	0	2		$\frac{4}{3}$
	x_1	1	0	0	0	0	1	0	9	9	-1
$\leftarrow$	x_7	0	0	0	0	$\frac{1}{3}$	$\boxed{\frac{11}{3}}$	1	5	$\frac{15}{11}$	
*	Z_2	0	0	0	0	2	$-7\uparrow$	0	21	*	7
	x_3	0	0	1	0	$-\frac{17}{11}$	0	$-\frac{18}{11}$	$\frac{207}{11}$		
	x_4	0	0	0	1	$-\frac{14}{11}$	0	$-\frac{9}{11}$	$\frac{54}{11}$		
	x_2	0	1	0	0	$\frac{5}{11}$	0	$\frac{4}{11}$	$\frac{42}{11}$		
	x_1	1	0	0	0	$-\frac{1}{11}$	0	$-\frac{3}{11}$	$\frac{84}{11}$		
$\rightarrow$	x_6	0	0	0	0	$\frac{1}{11}$	1	$\frac{3}{11}$	$\frac{15}{11}$		
*	Z_2	0	0	0	0	$\frac{29}{11}$	0	$\frac{21}{11}$	$\frac{436}{11}$	*	

wenn man die Zielfunktionszeile in die Nebenbedingungen aufnimmt, Z_1 durch x_7 und $Z_1^{\max} = 47$ durch $\delta_1 = 5$ ersetzt sowie eine Einheitsspalte x_7 ergänzt.

Nach einem weiteren Simplexschritt in der zweiten Etappe gelangen wir zur Optimallösung

$$x_2{}^{*\prime} = \frac{1}{11}\,(84, 42, 207, 54, 0, 15, 7)$$

mit dem Optimalwert

$$Z_2^{\max} = \frac{436}{11}.$$

Der in der zweiten Etappe berechneten Optimallösung entspricht der Punkt Q von Abb. 26.

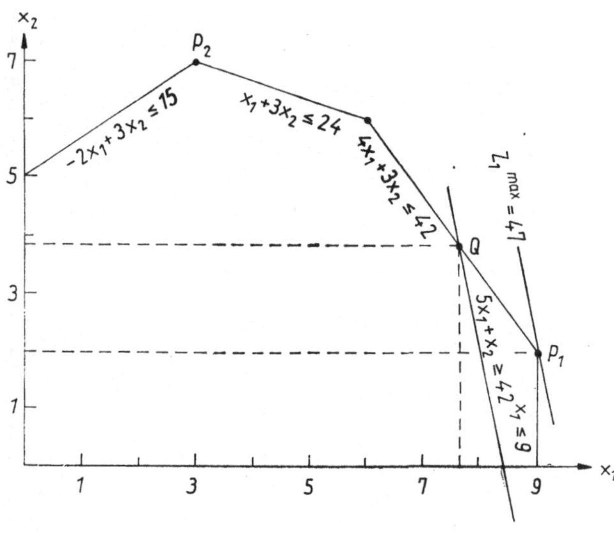

Abb. 26

Die Konzessionsmethode kann sehr wirkungsvoll angewandt werden, wenn

1. eine vollständige Rangfolge für die Zielfunktionen vorliegt;
2. Schranken für die Zielfunktionswerte vor Beginn des Lösungsprozesses nicht vorgebbar erscheinen, so daß die Anwendung der Kompromißtheorie des praktischen Zielgebietes nicht möglich ist, die Angabe von Konzessionen im Laufe des Lösungsprozesses jedoch begründet werden kann.

Hauptsächlich wird die Konzessionsmethode durch den meist erforderlichen Mensch-Maschine-Dialog kompliziert, der zu einer laufenden Unterbrechung des an sich mathematisch so einfachen Rechenprozesses zwingt. Aber dieser Nachteil hebt sich auf, wenn die Zahlen δ_i, $i = 1, 2, \ldots, k$ vor Beginn des Lösungsprozesses festgelegt werden können. Das erscheint z. B. denkbar, wenn Z_1 als Hauptzielfunktion angesehen werden kann und die δ_i auf der Basis der optimalen Entscheidungstabelle festgelegt werden können.

5. Ersatzzielfunktionen

5.1. *Allgemeine Beschreibung des Vorgehens der Lösungsverfahren*

Ein grundlegender Lösungsweg für Aufgaben der linearen Vektoroptimierung basiert auf der Bildung einer Ersatzzielfunktion, die aus den mehrfachen Zielsetzungen in unterschiedlicher Weise hergeleitet wird. Ein solches Ersatzgütekriterium versetzt uns dann in die Lage, aus der Menge der zulässigen Lösungen oder einer geeigneten Teilmenge eine optimale Lösung auszuwählen. Als eine derartige Teilmenge kann die Gesamtheit aller Kompromißlösungen fungieren.

Zur mathematischen Beschreibung des Vorgehens der Ersatzzielfunktionsmethoden betrachten wir die linearen Vektoroptimierungsaufgabe

$$\begin{aligned} Z_1 &= \boldsymbol{c}_1'\boldsymbol{x} \quad \max \\ Z_2 &= \boldsymbol{c}_2'\boldsymbol{x} \quad \max \\ &\cdots\cdots\cdots\cdots\cdots \\ Z_k &= \boldsymbol{c}_k'\boldsymbol{x} \quad \max \\ \boldsymbol{A}\boldsymbol{x} &= \boldsymbol{b} \\ \boldsymbol{x} &\geqq \boldsymbol{0}. \end{aligned}$$

Aus den k Zielfunktionen $Z_1, Z_2, \ldots, Z_k$ wird eine Ersatzzielfunktion $\tilde{Z}$ gebildet. Dabei gehen wir im allgemeinen davon aus, daß auch $\tilde{Z}$ eine lineare Funktion ist.

Werden die optimalen Lösungen bezüglich der Gesamtheit aller zulässigen Lösungen bestimmt, ist die lineare Optimierungsaufgabe

$$\max \{\tilde{Z} \mid \boldsymbol{A}\boldsymbol{x} = \boldsymbol{b}, \boldsymbol{x} \geqq \boldsymbol{0}\}$$

zu berechnen. Dieses Vorgehen haben wir bereits in 2.4 erörtert. Allerdings wurde dort eine andere Interpretation gegeben, um den Lösungsweg in die Gedankengänge einer Kompromißtheorie einzubetten.

Bei Anwendung der Kompromißtheorie des praktischen Zielgebietes besteht die Kompromißmenge aus den zulässigen Zielgebietslösungen. Die

Nebenbedingungen sind folglich durch die Zielgebietsbedingungen

$$\boldsymbol{s} \leqq \boldsymbol{C}\boldsymbol{x} \leqq \boldsymbol{S}$$

zu ergänzen und die lineare Optimierungsaufgabe

$$\max \{\tilde{Z} \mid \boldsymbol{A}\boldsymbol{x} = \boldsymbol{b}, \boldsymbol{s} \leqq \boldsymbol{C}\boldsymbol{x} \leqq \boldsymbol{S}, \boldsymbol{x} \geqq \boldsymbol{0}\}$$

dem Lösungsprozeß zu unterwerfen.

Für den PARETO-Kompromiß ist der Lösungsweg in 2.10 dargestellt. Nach Wahl einer Ersatzzielfunktion $\tilde{Z}$ wird in den Eckpunkten der PARETO-Menge der Wert der Zielfunktion $\tilde{Z}$ berechnet und so der optimale Kompromiß bestimmt.

Folglich ist unabhängig von dem gewählten Vorgehen der Lösungsweg einer Ersatzzielfunktionsmethode durch die Angabe der Ersatzzielfunktion vollständig beschrieben. Aus diesem Grunde können wir auch auf die Durchrechnung numerischer Beispiele verzichten; denn stets handelt es sich darum, die Methoden der linearen Optimierung in Verbindung mit der Ersatzzielfunktion anzuwenden.

Gegen die Wahl einer Ersatzzielfunktion als Methodik zur Lösung einer linearen Vektoroptimierungsaufgabe ist nichts einzuwenden, wenn man sich der Tatsache bewußt ist, daß dann auch das ökonomische Problem unter dieser Ersatzzielstellung betrachtet wird. Die Begründung einer Ersatzzielfunktion darf daher nicht als Bestandteil des mathematischen Lösungsweges, sondern muß als wesentlicher Bestandteil des Modellierungsprozesses angesehen werden. Nur wenn gesichert ist, daß die Ersatzzielfunktion die mehrfachen Zielsetzungen in ausreichender Genauigkeit beschreiben kann, ist die Verwendung einer Ersatzzielfunktionsmethode zulässig.

5.2. Addition der Einzelziele

Die einfachste Möglichkeit, um aus den k Einzelzielen $Z_1, Z_2, \ldots, Z_k$ der linearen Vektoroptimierungsaufgabe eine Ersatzzielfunktion $\tilde{Z}$ zu bilden, ist die Addition der Einzelziele

$$\tilde{Z} = Z_1 + Z_2 + \cdots + Z_k.$$

Sind die Einzelziele, wie vorausgesetzt, linear, kommt diese Eigenschaft auch der Ersatzzielfunktion zu.

An die Addition der Einzelziele sind einige triviale Voraussetzungen zu knüpfen:

1. Die Summe der Einzelziele muß einen ökonomischen Inhalt haben. So ist es z. B. ökonomisch nicht zu begründen, unter welcher Zielstellung das Pro-

blem zu betrachten ist, wenn man die Einzelziele „minimaler Materialabfall" und „minimale Lohnkosten" addiert.

2. Die Einzelziele müssen gleichgerichtet sein. Diese Forderung ist zwar mathematisch stets erfüllbar, indem man gegebenenfalls die Koeffizienten der Zielfunktion mit entgegengesetztem Vorzeichen versieht, aber ökonomisch kann ihr keineswegs grundsätzlich entsprochen werden.
3. Die Einzelziele müssen auf eine einheitliche Maßeinheit (z. B. Geld- oder Zeiteinheiten) bezogen sein, da anderenfalls die Addition sinnlos ist.

Diese grundsätzlichen Voraussetzungen stellen bereits eine wesentliche Einschränkung für die Anwendung der sich aus der Addition der Einzelziele herleitenden Ersatzzielfunktionsmethode dar. Aber darüber hinaus kann die Addition der Einzelziele nur dann begründet werden, wenn z. B. folgende weitere Bedingungen erfüllt sind:

1. Alle Einzelziele sind als völlig gleichwertig anzusehen. Es gibt damit keine höhere Bewertung gewisser Einzelziele und erst recht keine Rangfolge für die Ziele.
2. Die Summe der Einzelziele ist, wie bereits in 5.1 betont, ein ausreichend genaues Ersatzgütekriterium.

Diese Bemerkungen zeigen, daß die Gewinnung einer Ersatzzielfunktion durch Addition der Einzelziele in ihrer praktischen Handhabung erheblichen Einschränkungen unterworfen ist.

5.3. *Gewichtete Addition der Einzelziele*

Die einschränkenden Voraussetzungen für die Anwendung der Methodik der Addition der Einzelziele können teilweise aufgehoben werden, falls keine Gleichwertigkeit der Einzelziele besteht, jedoch sich durch die Vorgabe von *Gewichten* g_i für die Einzelziele Z_i eine Ersatzzielfunktion begründen läßt. Bei diesem Vorgehen ist also die Ersatzzielfunktion $\tilde{Z}$ durch die Vorschrift

$$\tilde{Z} = g_1 Z_1 + g_2 Z_2 + \cdots + g_k Z_k$$

zu bilden.

Die praktische Handhabung des Verfahrens der gewichteten Addition der Einzelziele wird durch die Begründung von Gewichten erschwert. Meist ist man dabei auf *Expertenschätzungen* angewiesen. Es sind aber auch bereits Methoden zur Bestimmung der Gewichte entwickelt worden. Dazu gehören die im nächsten Kapitel zur Darstellung kommenden *spieltheoretischen Vorgehen.* Darüber hinaus sind Methoden der näherungsweisen Bestimmung der Zielgewichte zu nennen, die zu sogenannten *Nutzenmodellen* (s. etwa [2, 11]) führen. Derartige Lösungsansätze ergeben aber meist keinen theoretisch befriedigenden und praktisch gangbaren Lösungsweg.

Der an sich sehr einfache Lösungsweg des Verfahrens der gewichteten Addition ermöglicht es auch, das Problem für unterschiedliche Gewichtsvarianten durchzurechnen, um durch Vergleich der Ergebnisse Hinweise für eine begründete Verhaltensweise zu gewinnen.

Es muß hervorgehoben werden, daß der auf der gewichteten Addition beruhende Lösungsweg einen nicht zu übersehenden theoretischen Reiz besitzt. Bei der praktischen Handhabung wird man nämlich die Gewichtskoeffizienten so wählen, daß

$$g_j > 0, \quad j = 1, 2, \ldots, k$$

$$g_1 + g_2 + \cdots + g_k = 1$$

gilt. Lösen wir nun die lineare Optimierungsaufgabe

$$\max \{\tilde{Z} \mid \boldsymbol{A}\boldsymbol{x} = \boldsymbol{b}, \boldsymbol{x} \geqq \boldsymbol{0}\},$$

folgt aus Satz 2 von 2.5, daß bei jeder Wahl der Gewichtskoeffizienten die optimale Lösung zugleich eine vektoroptimale Kompromißlösung darstellt. Dieses Ergebnis ist verschiedenen Autoren Veranlassung, um der gewichteten Addition der Einzelziele eine grundlegende Bedeutung beizumessen. Jedoch darf nicht übersehen werden, daß auch die gewichtete Addition an Voraussetzungen geknüpft ist, denen wir bereits in 5.2 bei der Begründung der Methode der Zieladdition begegnet sind. Die Anerkennung des PARETO-Kompromisses alleine läßt noch nicht die Begründung zu, daß das durch die Methode der gewichteten Addition berechnete Element der PARETO-Menge auch aus ökonomischer Sicht besonders günstig erscheint. Nur wenn die sich durch gewichtete Addition ergebende Ersatzzielfunktion die ökonomischen Zielstellungen ausreichend genau beschreibt, ist die Optimallösung nicht nur ein Element der PARETO-Menge, sondern kann darüber hinaus auch ökonomisch als optimal anerkannt werden.

Die Zugehörigkeit der Optimallösung zur PARETO-Menge läßt eine wichtige Schlußfolgerung zu. Selbst bei Anerkennung des PARETO-Kompromisses ist es jetzt nicht mehr sinnvoll, den numerisch aufwendigen Weg der Berechnung der Eckpunkte der PARETO-Menge zu beschreiten, um dann unter ihnen mittels der Ersatzzielfunktion die Auswahl zu treffen. Durch die Methode der gewichteten Addition der Einzelziele umgehen wir die Anwendung von Verfahren der parametrischen Optimierung und kommen alleine durch die Lösung einer linearen Optimierungsaufgabe zu demselben Ergebnis. Jedoch müssen wir erneut unterstreichen, daß diese Vereinfachung davon abhängig ist, ob die schwerwiegenden Voraussetzungen für die Anwendung der Methode der gewichteten Addition als erfüllt angesehen werden können.

Wird die gewichtete Addition der Einzelziele mit der Kompromißtheorie des praktischen Zielgebietes verbunden, erhalten wir eine optimale Zielgebietslösung, die zusätzlich in der PARETO-Menge gelegen ist.

Erscheint die Festlegung von Gewichten als nicht möglich, obwohl ansonsten die Voraussetzungen für die Anwendung der Methode der gewichteten Addition der Einzelziele als erfüllt anzusehen sind, kann man die Gewichte g_i als Parameter t_i auffassen und die Ersatzzielfunktion

$$\tilde{Z} = t_1 Z_1 + t_2 Z_2 + \cdots + t_k Z_k$$

betrachten. Dieses vielfach als *Methode der parametrischen Optimierung* bezeichnete Vorgehen der linearen Vektoroptimierung ist mit der Berechnung der gesamten PARETO-Menge vergleichbar. Der numerische Lösungsweg und die praktische Beurteilung der Leistungsfähigkeit der Methode sind in Kap. 2 ausführlich dargestellt. Jedoch dient die gesamte PARETO-Menge als Entscheidungsgrundlage, ohne daß die Auswahl eines optimalen Kompromisses erfolgt. Eine befriedigende Grundlage für die Entscheidungsfindung ist durch die Anwendung dieser Methode also schwer erzielbar.

5.4. *Quotientenbildung*

Neben der Addition der Einzelziele kann gegebenenfalls auch durch Quotientenbildung eine geeignete Ersatzzielfunktion hergeleitet werden. Wir beschränken uns auf die Betrachtung von zwei entgegengerichteten Zielfunktionen

$$Z_1 = \boldsymbol{c}_1{}'\boldsymbol{x} \quad \max$$

$$Z_2 = \boldsymbol{c}_2{}'\boldsymbol{x} \quad \min,$$

die wir in der Ersatzzielfunktion

$$\tilde{Z} = \frac{Z_1}{Z_2} = \frac{\boldsymbol{c}_1{}'\boldsymbol{x}}{\boldsymbol{c}_2{}'\boldsymbol{x}} \max \tag{54}$$

zusammenfassen. Es liegt nahe, daß sich weitere Verknüpfungsmöglichkeiten, auch unter Verwendung der parametrischen Quotientenoptimierung, aus unseren Darlegungen herleiten lassen (beachte hierzu [19]).

Es muß erneut mit Nachdruck unterstrichen werden, daß die Betrachtung der Ersatzzielfunktion (54) nur zulässig ist, wenn $\tilde{Z}$ ein ökonomischer Inhalt gegeben werden kann und sich weiterhin ein ausreichend genaues Ersatzgütekriterium ergibt. Die Wahl einer solchen Ersatzzielfunktion kann z. B.

gegebenenfalls begründet werden, wenn Z_1 den betrieblichen Gewinn und Z_2 die betrieblichen Selbstkosten darstellt.

Die Lösung der Optimierungsaufgabe

$$\max \left\{ \frac{\boldsymbol{c}_1'\boldsymbol{x}}{\boldsymbol{c}_2'\boldsymbol{x}} \;\middle|\; \boldsymbol{A}\boldsymbol{x} = \boldsymbol{b}, \boldsymbol{x} \geqq 0 \right\} \tag{55}$$

ist kein Problem der linearen Optimierung. Wir haben es vielmehr mit einer Aufgabe der *hyperbolischen Optimierung* zu tun, die zu den besonders leicht lösbaren Problemen der nichtlinearen Optimierung gehört. Da wir aber den Lösungsprozeß der Aufgabe (55) auf ein Problem der linearen Optimierung zurückführen können (s. etwa [7]), haben wir auch die Erklärung von Ersatzzielfunktionen durch Quotientenbildung in unsere Betrachtungen eingeschlossen.

6. Spieltheoretische Lösungsgedanken

Die Heranziehung der Spieltheorie zur Begründung von Lösungsverfahren der linearen Vektoroptimierung geht auf einen Gedanken von JÜTTLER [14—16] zurück, der von KÖRTH [18] weiterentwickelt wurde. Diese Vorgehen begründen sich u. a. durch den Zusammenhang zwischen der linearen Optimierung und der Theorie der Matrixspiele. Die Anwendung der spieltheoretischen Lösungsverfahren geht von der Annahme aus, daß keine Bewertungen oder Wichtungen für die mehrfachen Zielstellungen vorliegen und folglich *alle Zielfunktionen als gleichwertig* anzusehen sind.

6.1. Die theoretischen Grundlagen des Verfahrens von Jüttler

Im ersten Teilschritt des Verfahrens wird die optimale Entscheidungstabelle (vgl. mit 4.1) durch Lösung der k linearen Optimierungsaufgaben

$$\begin{aligned} Z_j &= \boldsymbol{c}_j'\boldsymbol{x} \max, \quad j = 1, 2, \ldots, k \\ \boldsymbol{A}\boldsymbol{x} &= \boldsymbol{b} \\ \boldsymbol{x} &\geqq \boldsymbol{0} \end{aligned}$$

berechnet. Dabei ist es für die Beschreibung der Methode unwesentlich, ob gegebenenfalls auch noch Zielgebietsbedingungen zu berücksichtigen sind. Wie üblich, bezeichnen wir mit $\boldsymbol{x}_j^*$, $j = 1, 2, \ldots, k$ die Optimallösungen der k linearen Optimierungsaufgaben, deren Existenz wir grundsätzlich als gegeben ansehen. Zusätzlich nehmen wir an, daß keine Optimallösung existiert, die Optimallösung für alle k Aufgaben ist.

Jede konvexe Linearkombination der Optimallösungen

$$\boldsymbol{x} = \alpha_1\boldsymbol{x}_1^* + \alpha_2\boldsymbol{x}_2^* + \cdots + \alpha_k\boldsymbol{x}_k^*, \tag{56}$$

$$\sum_{j=1}^{k} \alpha_j = 1, \quad \alpha_j \geqq 0, \quad j = 1, 2, \ldots, k \tag{57}$$

ist eine zulässige Lösung. Unsere Aufgabe besteht nun darin, eine geeignete Wahl der Koeffizienten der Linearkombination zu begründen.

Für jede Zielfunktion Z_j erklären wir die *relativen Abweichungen* des Funktionswertes aller Optimallösungen vom Optimalwert:

$$g_{ij} = \frac{|Z_j(\boldsymbol{x}_j^*) - Z_j(\boldsymbol{x}_i^*)|}{Z_j(\boldsymbol{x}_j^*)}, \qquad i, j = 1, 2, \ldots, k. \tag{58}$$

Bei der Berechnung der relativen Abweichungen ist zu beachten, daß eine Zielfunktion der Gestalt $Z_j \to \min$ nicht in die Form $-Z_j \to \max$ umgewandelt werden darf. Der Grund dafür ist in der Tatsache zu sehen, daß durch diese Umformung der Optimalwert sein Vorzeichen verändert und einige der im folgenden zu treffenden Aussagen beeinflußt werden. Die Definition der g_{ij} ist jedoch so gegeben worden, daß auch Zielfunktionskriterien $Z_j \to \min$ in die Betrachtungen einbezogen werden können. Die Berechnung der g_{ij} ist aber grundsätzlich mit der Voraussetzung

$$Z_j(\boldsymbol{x}_j^*) > 0, \qquad j = 1, 2, \ldots, k \tag{59}$$

zu verknüpfen. In der praktischen Anwendung werden sich daraus keine wesentlichen Einschränkungen für die Anwendbarkeit der Methodik ergeben. Eine Milderung der Voraussetzung (59) läßt sich durch das von Körth [18] beschriebene Vorgehen erreichen. g_{ij} beinhaltet, wie groß die relative Abweichung für die Zielfunktion Z_j ist, wenn man die Optimallösung $\boldsymbol{x}_j^*$ bezüglich dieser Zielfunktion durch eine Optimallösung $\boldsymbol{x}_i^*$ ersetzt. Zwangsläufig folgt

$$g_{ii} = 0, \qquad i = 1, 2, \ldots, k.$$

Es ist hervorzuheben, daß die g_{ij} dimensionslose Größen sind. Dadurch lassen sich gegebenenfalls Schwierigkeiten beseitigen, die infolge unterschiedlicher Maßeinheiten für die Zielfunktionen auftreten können. Außerdem werden bei der Beurteilung der Abweichungen

$$Z_j(\boldsymbol{x}_j^*) - Z_j(\boldsymbol{x}_i^*)$$

durch die Quotientenbildung Diskrepanzen beseitigt, deren Ursache in unterschiedlichen Größenordnungen der Optimalwerte der Zielfunktionen zu suchen ist.

Mittels der Zahlen g_{ij} erklären wir eine quadratische Matrix $\boldsymbol{G}$ der Ordnung k durch die Gleichung

$$\boldsymbol{G} = (-g_{ij}). \tag{60}$$

$\boldsymbol{G}$ wird als *Auszahlungsmatrix* für ein *Zweipersonen-Nullsummenspiel* aufgefaßt (hinsichtlich der spieltheoretischen Grundbegriffe verweisen wir etwa auf [7]).

Den Zeilen der Matrix $\boldsymbol{G}$ ordnen wir die Optimallösungen $\boldsymbol{x}_1^*, \boldsymbol{x}_2^*, \ldots, \boldsymbol{x}_k^*$ zu (Tabelle 5), die wir als *Strategiemenge*

$$X = \{\boldsymbol{x}_1^*, \boldsymbol{x}_2^*, \ldots, \boldsymbol{x}_k^*\}$$

eines Spielers 1 ansehen. Den Spalten von $\boldsymbol{G}$ ordnen wir die k Zielkriterien zu und betrachten

$$Y = \{Z_1(\boldsymbol{x}) \to \text{opt}, Z_2(\boldsymbol{x}) \to \text{opt}, \ldots, Z_k(\boldsymbol{x}) \to \text{opt}\}$$

als Strategiemenge eines Spielers 2. Dabei symbolisieren wir mit opt das Optimierungsziel max bzw. min. Folglich ist bei diesem Spiel $-g_{ij}$ ein Maß für den Fehler, den der Spieler 1 begeht, wenn er sich für die Optimallösung $\boldsymbol{x}_i^*$ entscheidet, während der Spieler 2 davon unabhängig die Optimierung der Zielfunktion $Z_j(\boldsymbol{x})$ auswählt. Dieser Fehler ist für $i = j$ gleich Null.

Tabelle 5

	$Z_1 \to$ opt	$Z_2 \to$ opt	...	$Z_k \to$ opt
$\boldsymbol{x}_1^*$	$-g_{11} = 0$	$-g_{12}$	...	$-g_{1k}$
$\boldsymbol{x}_2^*$	$-g_{21}$	$-g_{22} = 0$	...	$-g_{2k}$
$\vdots$	....	....	....	....
$\boldsymbol{x}_k^*$	$-g_{k1}$	$-g_{k2}$	...	$-g_{kk} = 0$

Das durch die beiden Strategiemengen X, Y und die Auszahlungsmatrix $\boldsymbol{G}$ definierte *spieltheoretische Modell* kann als Beschreibung einer Entscheidungssituation aufgefaßt werden, die sich ergibt, wenn ohne Kenntnis eines allgemeingültigen Zielkriteriums eine Auswahl unter den k optimalen Lösungen zu treffen ist. Dann wird der Spieler 1 versuchen, eine Lösung anzustreben, die den maximal auftretenden Fehler minimiert. Dieses Vorgehen heißt daher auch *Minimax-Strategie*. Der Spieler 1 entscheidet sich folglich für eine Strategie, die gegenüber allen möglichen Zielstellungen den zu erwartenden Verlust minimal gestaltet.

Wegen

$$\max_i \min_j (-g_{ij}) < \min_j \max_i (-g_{ij}) = 0,$$

besitzt die Auszahlungsmatrix $\boldsymbol{G}$ keinen Sattelpunkt. Die optimalen Strategien der Spieler haben dann die Form *gemischter optimaler Strategien*. Das Minimax-Theorem für Matrixspiele sichert die Existenz gemischter optimaler Strategien für beide Spieler.

Die optimale Lösung des Matrixspieles ist gegeben durch die optimale Strategie des Spielers 1

$$\boldsymbol{u}_0' = (u_{01}, u_{02}, \ldots, u_{0k}),$$

die optimale Strategie des Spielers 2

$$\boldsymbol{w}_0' = (w_{01}, w_{02}, \ldots, w_{0k})$$

und den Wert v des Spieles. Dabei gilt

$$\sum_{j=1}^{k} u_{0j} = 1, \quad u_{0j} \geqq 0, \quad j = 1, 2, \ldots, k;$$

$$\sum_{j=1}^{k} w_{0j} = 1, \quad w_{0j} \geqq 0, \quad j = 1, 2, \ldots, k.$$

Wir fassen nun die Komponenten der gemischten optimalen Strategie des Spielers 1 als Koeffizienten der konvexen Linearkombination (56) der k Optimallösungen auf,

$$\boldsymbol{x}_0 = u_{01}\boldsymbol{x}_1^* + u_{02}\boldsymbol{x}_2^* + \cdots + u_{0k}\boldsymbol{x}_k^*, \tag{61}$$

und sehen $\boldsymbol{x}_0$ als optimalen Kompromiß im Rahmen des spieltheoretischen Modells an. Die Begründung für diese Wahl von $\boldsymbol{x}_0$ ergibt sich durch folgende Erwägungen: Betrachten wir jeden Vektor $\boldsymbol{x}$, der der Gesamtheit aller Linearkombinationen (56), (57) angehört, als einen zulässigen Kompromiß, zeichnet sich der Vektor $\boldsymbol{x}_0$ von (61) durch die Eigenschaft aus, daß die maximale relative Abweichung von den Optimalwerten aller k Zielfunktionen minimal wird. Der Wert des Spieles v gibt die maximale relative Abweichung der Zielfunktionswerte für $\boldsymbol{x}_0$ von allen k Optimalwerten an. Aus der gemischten Strategie des Spielers 2 lassen sich folgende Schlußfolgerungen ziehen:

1. Für $w_{0j} > 0$ ist die relative Abweichung des Zielfunktionswertes $Z_j(\boldsymbol{x}_0)$ vom Maximalwert $Z_j(\boldsymbol{x}_j^*)$ gleich v.
2. Für $w_{0j} = 0$ ist die entsprechende relative Abweichung kleiner als v.

Das beschriebene Vorgehen erweitert Körth [18] dahingehend, daß in die Linearkombination (56) nicht nur die k Optimallösungen sondern alle weiteren zulässigen Basislösungen einbezogen werden (vgl. 6.3). Dadurch vergrößert sich die Gesamtheit der zugelassenen Kompromißlösungen und zwangsläufig wächst auch die Chance, die maximale relative Abweichung zu verkleinern.

6.2. Der numerische Lösungsweg des Verfahrens von Jüttler

Durch die Überlegungen in 6.1 ist der Lösungsweg des Verfahrens von JÜTTLER weitestgehend bestimmt. Er zerfällt in folgende Schritte:

1. Teilschritt: Berechnung der optimalen Entscheidungstabelle;
2. Teilschritt: Berechnung der relativen Abweichungen mittels der Beziehung (58);
3. Teilschritt: Lösung des Matrixspieles mit der Auszahlungsmatrix (60);
4. Teilschritt: Berechnung des optimalen Kompromisses entsprechend (61).

Das im Rahmen des Verfahrens von JÜTTLER zu berechnende Matrixspiel gehört zu den leicht lösbaren Aufgaben der Spieltheorie. Im Falle des Vorliegens von nur zwei Zielfunktionen können sogar graphische Lösungsverfahren herangezogen werden (vgl. etwa [7]). Wegen des Zusammenhanges zwischen Matrixspielen und linearen Optimierungsaufgaben ist es aber auch möglich, Lösungsverfahren der linearen Optimierung zu verwenden. Da wir in diesem Buch nicht unnötig Kenntnisse der Spieltheorie voraussetzen wollen, verfolgen wir ausschließlich den Lösungsweg mittels Verfahren der linearen Optimierung. In diesem Falle ist die formale Anwendung der Methode von JÜTTLER faktisch ohne Kenntnis der Spieltheorie möglich. Jedoch setzt das inhaltliche Verständnis für das Herangehen der Methode die in 6.1 herangezogenen spieltheoretischen Grundlagen voraus.

Zur Lösung des Matrixspiels mit der Auszahlungsmatrix G kann man nach JÜTTLER [15] folgendes Vorgehen beschreiten: Zunächst wird die lineare Optimierungsaufgabe

$$\left.\begin{aligned} Z &= y_1 + y_2 + \cdots + y_k \ \min \\ a_{11}y_1 &+ a_{21}y_2 + \cdots + a_{k1}y_k \geqq 1 \\ a_{12}y_1 &+ a_{22}y_2 + \cdots + a_{k2}y_k \geqq 1 \\ &\cdots\cdots\cdots\cdots\cdots\cdots \\ a_{1k}y_1 &+ a_{2k}y_2 + \cdots + a_{kk}y_k \geqq 1 \\ y_i &\geqq 0, \quad i = 1, 2, \ldots, k \end{aligned}\right\} \tag{62}$$

berechnet. Dabei werden die Koeffizienten a_{ij} aus den relativen Abweichungen g_{ij} mittels der Gleichung

$$a_{ij} = -g_{ij} + K \tag{63}$$

bestimmt. K ist eine genügend große positive Zahl, die so gewählt wird, daß alle a_{ij} positiv werden.

Die Komponenten $y_1^*, y_2^*, \ldots, y_k^*$ der Optimallösung der linearen Optimierungsaufgabe (62) gestatten die Berechnung der optimalen Strategie $u_{01}, u_{02}, \ldots, u_{0k}$ und einer Hilfszahl $\tilde{v}$ auf Grund der Gleichungen

$$\frac{u_{0i}}{\tilde{v}} = y_i^*, \quad i = 1, 2, \ldots, k, \tag{64}$$

$$u_{01} + u_{02} + \cdots + u_{0k} = 1. \tag{65}$$

Der Wert des Spieles v ergibt sich aus der Beziehung

$$v = \tilde{v} - K. \tag{66}$$

Wir verzichten mit Rücksicht auf die zu fordernden spieltheoretischen Kenntnisse, den Lösungsweg von Matrixspielen durch Methoden der linearen Optimierung zu begründen. Gegebenenfalls kann auch die Berechnung der optimalen Strategie des Spielers 2 auf die Lösung einer linearen Optimierungsaufgabe zurückgeführt werden.

Beispiel: Wir betrachten die bereits mehrfach in diesem Buch untersuchte lineare Vektoroptimierungsaufgabe (34)

$$\begin{aligned} Z_1 &= 5x_1 + x_2 \text{ max} \\ Z_2 &= x_1 + 6x_2 \text{ max} \\ -2x_1 + 3x_2 &\leqq 15 \\ x_1 + 3x_2 &\leqq 24 \\ 4x_1 + 3x_2 &\leqq 42 \\ x_1 \quad &\leqq 9 \\ x_1, x_2 &\geqq 0. \end{aligned}$$

Den Lösungen der linearen Optimierungsaufgabe unter den Einzelzielen Z_1 und Z_2 entsprechen die Punkte $P_1 \sim (9, 2)$ und $P_2 \sim (3, 7)$ von Abb. 27 (vgl. mit Abb. 9) und folglich die Optimallösungen

$$\boldsymbol{x}_1^* = \begin{pmatrix} 9 \\ 2 \end{pmatrix}, \quad \boldsymbol{x}_2^* = \begin{pmatrix} 3 \\ 7 \end{pmatrix}$$

sowie die Optimalwerte

$$Z_1^{\max} = Z_1(\boldsymbol{x}_1^*) = 47, \quad Z_2^{\max} = Z_2(\boldsymbol{x}_2^*) = 45.$$

Berechnen wir noch die Funktionswerte $Z_1(\boldsymbol{x}_2^*)$, $Z_2(\boldsymbol{x}_1^*)$, ist die optimale Entscheidungstabelle (Tabelle 6) ermittelt und der erste Teilschritt abge-

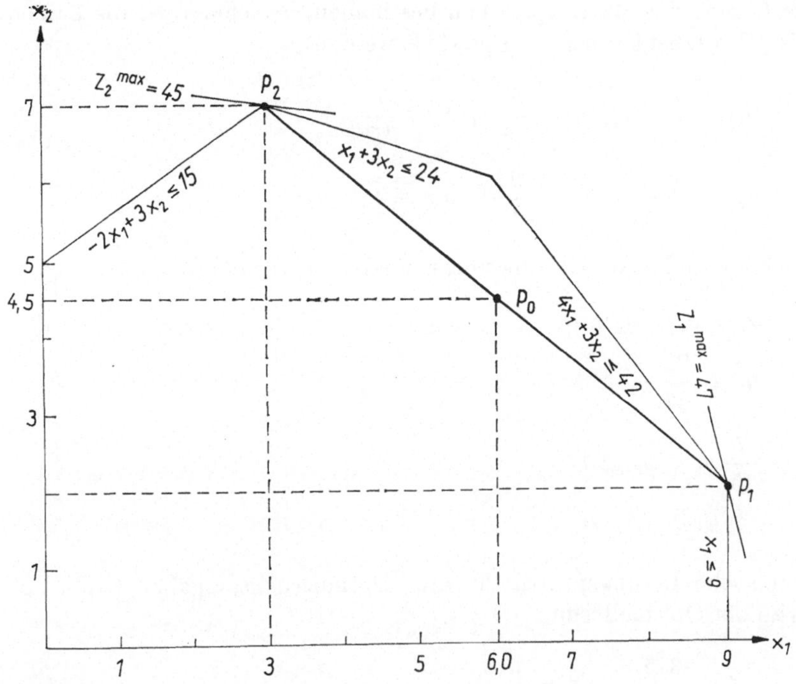

Abb. 27

Tabelle 6

	x_1^*	x_2^*
$Z_1(x)$	$Z_1^{max} = 47$	22
$Z_2(x)$	21	$Z_2^{max} = 45$

Tabelle 7

	$Z_1 \to$ opt	$Z_2 \to$ opt
x_1^*	0	$-\frac{8}{15}$
x_2^*	$-\frac{25}{47}$	0

schlossen. Die relativen Abweichungen ergeben sich aus (58) und führen zu der in Tabelle 7 enthaltenen Auszahlungsmatrix (vgl. mit Tabelle 5). So ist

$$g_{12} = \frac{|Z_2(x_2^*) - Z_2(x_1^*)|}{Z_2(x_2^*)} = \frac{|Z_2^{max} - Z_2(x_1^*)|}{Z_2^{max}} = \frac{45 - 21}{45} = \frac{8}{15},$$

$$g_{21} = \frac{|Z_1(x_1^*) - Z_1(x_2^*)|}{Z_1(x_1^*)} = \frac{|Z_1^{max} - Z_1(x_2^*)|}{Z_1^{max}} = \frac{47 - 22}{47} = \frac{25}{47}.$$

Wir bemerken, daß die Voraussetzung (59) erfüllt ist.

Um die Lösung des Matrixspieles zu bestimmen, berechnen wir die Zahlen a_{ij} mittels (63) (dabei kann $K = 1$ gewählt werden),

$$a_{11} = 1, \quad a_{12} = -\frac{8}{15} + 1 = \frac{7}{15},$$

$$a_{21} = -\frac{25}{47} + 1 = \frac{22}{47}, \quad a_{22} = 1,$$

und betrachten die lineare Optimierungsaufgabe (beachte (62))

$$Z = y_1 + y_2 \min$$

$$y_1 + \frac{22}{47} y_2 \geqq 1$$

$$\frac{7}{15} y_1 + y_2 \geqq 1$$

$$y_1, y_2 \geqq 0.$$

Das graphische Lösungsprinzip linearer Optimierungsaufgaben (Abb. 28) führt uns zu der Optimallösung

$$y_1{}^* = \frac{375}{551}, \quad y_2{}^* = \frac{376}{551}.$$

Die Berechnung der optimalen Strategie und der Hilfszahl $\tilde{v}$ erfolgt wegen (64), (65) durch die Gleichungen

$$u_{01} = \frac{375}{551} \tilde{v},$$

$$u_{02} = \frac{376}{551} \tilde{v},$$

$$u_{01} + u_{02} = 1.$$

Daraus ergibt sich

$$\tilde{v} = \frac{551}{751}$$

und weiter

$$u_{01} = \frac{375}{751}, \quad u_{02} = \frac{376}{751}.$$

Der Wert des Spieles ist wegen (66)

$$v = -\frac{200}{751}.$$

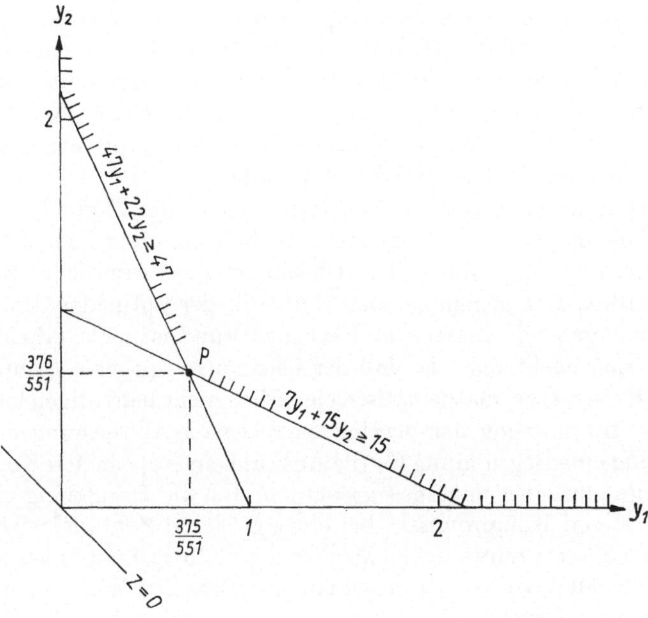

Abb. 28

Als optimalen Kompromiß im Sinne des Vorgehens von JÜTTLER ermitteln wir mit (61)

$$\begin{aligned} \mathfrak{x}_0 &= u_{01}\mathfrak{x}_1^* + u_{02}\mathfrak{x}_2^* \\ &= \frac{375}{751}\begin{pmatrix}9\\2\end{pmatrix} + \frac{376}{751}\begin{pmatrix}3\\7\end{pmatrix} = \frac{1}{751}\begin{pmatrix}4503\\3382\end{pmatrix} = \begin{pmatrix}6{,}0\\4{,}5\end{pmatrix}. \end{aligned}$$

Dem Vektor $\mathfrak{x}_0$ entspricht ein Punkt P_0 des Abschnittes P_1P_2 von Abb. 27.

Der Wert v des Spieles bringt zum Ausdruck, daß die maximale relative Abweichung der Funktionswerte $Z_1(\mathfrak{x}_0)$ bzw. $Z_2(\mathfrak{x}_0)$ von den Optimalwerten $Z_1^{\max}$ bzw. $Z_2^{\max}$ nicht größer als v ist. Man bestätigt leicht, daß in unserem Beispiel

$$\frac{Z_1(\mathfrak{x}_0) - Z_1^{\max}}{Z_1^{\max}} = -\frac{200}{751} = v,$$

$$\frac{Z_2(x_0) - Z_2^{\max}}{Z_2^{\max}} = -\frac{200}{751} = v$$

gilt.

Das betrachtete Beispiel ist uns Veranlassung, eine Bemerkung anzuschließen: Bereits in 4.1 haben wir erkannt, daß im Falle des Vorliegens von zwei Einzelzielen, denen die Optimalpunkte P_1, P_2 entsprechen, jede konvexe Linearkombination (56), (57) durch einen Punkt des Abschnittes P_1P_2 repräsentiert wird (vgl. mit Abb. 22). Der optimale Kompromiß des Verfahrens von JÜTTLER begründet lediglich eine spezielle Wahl der Koeffizienten der Linearkombination, so daß sich die geometrische Interpretation zwangsläufig in die allgemeinere Problematik von 4.1 einbettet.

Ein Vorteil des spieltheoretischen Herangehens der Methode von JÜTTLER ist zweifellos die Möglichkeit der Berücksichtigung einer beliebigen Zahl von Zielen. Allerdings muß die völlige Gleichwertigkeit sämtlicher Ziele vorausgesetzt werden. Der gegenüber der Methodik der optimalen Entscheidungstabelle sich ergebende zusätzliche Rechenaufwand ist nicht erheblich. Natürlich wirkt sich nachteilig aus, daß der berechnete optimale Kompromiß, wie bereits in 4.1 bemerkt, mathematisch eigentlich nicht befriedigen kann. Weiterhin ist die Minimierung der maximalen relativen Abweichungen keineswegs zwangsläufig eine Begründung für die Auswahl eines optimalen Kompromisses. Andererseits muß aber auch gesagt werden, daß die Ermittlung eines mathematisch besseren Kompromisses bei einer größeren Zahl gleichwertiger Ziele die Grenzen unserer numerischen Möglichkeiten überschreiten kann. Auf jeden Fall stellt die Methode von JÜTTLER einen ernsthaften Weg dar, um die Wahl von Gewichtskoeffizienten bei der konvexen Linearkombination der Optimallösungen zu begründen. Die dem optimalen Kompromiß von JÜTTLER anhaftenden mathematischen Bedenken werden durch das Vorgehen von KÖRTH [18] weiter reduziert.

6.3. *Das Verfahren von Körth*

Die Methode von KÖRTH basiert, wie bereits in 6.1 erwähnt, auf dem Gedanken, in die konvexe Linearkombination (56) nicht nur die optimalen zulässigen Basislösungen (optimale Eckpunkte), sondern sämtliche zulässigen Basislösungen (Eckpunkte) aufzunehmen. Es ist klar, daß sich dadurch die Möglichkeit der Minimierung der maximalen relativen Abweichungen vergrößert. Jede zulässige Lösung wird in die Untersuchungen einbezogen. Aber zwangsläufig muß auch jedes Vorgehen als völlig unpraktikabel erscheinen, das auf der Kenntnis sämtlicher zulässiger Basislösungen aufbaut. Das wesentliche Verdienst von KÖRTH ist folglich darin zu sehen, daß er diesen

Grundgedanken in ein praktikables Vorgehen umgesetzt hat. KÖRTH zeigt, daß sich die Lösung dieser Aufgabenstellungen auf das lineare Optimierungsproblem

$$
\begin{aligned}
Z &= v \ \max \\
\boldsymbol{c}_j'\boldsymbol{u}_0 - Z_j^{\max} v &\geqq 0, \qquad j = 1, 2, \dots, k \\
\boldsymbol{A}\boldsymbol{u}_0 &= \boldsymbol{b} \\
\boldsymbol{u}_0 &\geqq \boldsymbol{0} \\
v &\geqq 0
\end{aligned}
$$

zurückführen läßt. Die lineare Optimierungsaufgabe kann als Ersatz für ein Matrixspiel mit einer erweiterten Auszahlungsmatrix angesehen werden. Der Wert des Spieles v erfährt eine geringfügig andere Interpretation. $\boldsymbol{u}_0$ ist wieder die gesuchte optimale Strategie des Spielers 1. Dabei setzen wir $Z_j^{\max} > 0$ für $j = 1, 2, \dots, k$ voraus. Bei Vorliegen von Zielkriterien der Gestalt $Z_j \to \min$ sind gewisse Korrekturen der Nebenbedingungen erforderlich (vgl. dazu [1, 16]).

Für das Beispiel von 6.2 hätten wir bei Anwendung des Verfahrens von KÖRTH der optimalen Entscheidungstabelle die Zahlen

$$Z_1^{\max} = 47\,, \quad Z_2^{\max} = 45$$

zu entnehmen und die lineare Optimierungsaufgabe

$$
\begin{aligned}
Z &= v \quad \max \\
-2u_{01} + 3u_{02} \qquad\quad &\leqq 15 \\
u_{01} + 3u_{02} \qquad\quad &\leqq 24 \\
4u_{01} + 3u_{02} \qquad\quad &\leqq 42 \\
u_{01} \qquad\qquad\qquad &\leqq 9 \\
5u_{01} + u_{02} - 47v &\geqq 0 \\
u_{01} + 6u_{02} - 45v &\geqq 0 \\
u_{0j} &\geqq 0, \quad j = 1, 2 \\
v &\geqq 0
\end{aligned}
$$

zu lösen.

Hinsichtlich des Zieles, die maximalen relativen Abweichungen zu minimieren, kann die Methode von KÖRTH gegenüber dem Verfahren von JÜTTLER eine wesentliche Verbesserung liefern. Jedoch geht das zu Lasten eines höheren Rechenaufwandes.

Da die Methode von KÖRTH die Minimierung der maximalen relativen Abweichungen innerhalb der Gesamtheit aller zulässigen Lösungen anstrebt, ist dieser Lösungsweg der linearen Vektoroptimierungsaufgabe aus einer anderen

Betrachtungsweise heraus interpretierbar. Als Lösung der linearen Vektoroptimierungsaufgabe wird jede zulässige Lösung angesehen, die die maximalen relativen Abweichungen minimiert. Die Zielstellung „Minimierung der maximalen relativen Abweichungen" kann daher als *Ersatzzielkriterium* der linearen Vektoroptimierungsaufgabe bezeichnet werden. Jedoch läßt sich, wie schon beim Verfahren von JÜTTLER, durch die mathematischen Betrachtungen allein nicht begründen, ob die darauf basierende Auswahl des Kompromisses ökonomisch gerechtfertigt werden kann.

6.4. *Spieltheoretische Optimalität*

Auf MAIMINAS und VILKAS (vgl. [22]) gehen Ansätze zurück, die das Gedankengut der Spieltheorie zur Erklärung eines spieltheoretischen Optimalitätsbegriffes heranziehen. Da dieser Optimalitätsbegriff zu seiner praktischen Umsetzung mit erheblichen Komplikationen verbunden ist, wollen wir seine Begründung auch nur kurz streifen.

Wir betrachten ein k-Personenspiel und ordnen jedem Spieler j eine Zielfunktion $Z_j(\boldsymbol{x})$ zu. Jeder Spieler verfügt über die gleiche Strategiemenge M. Entscheiden wir uns während des Spieles für eine Variante $\boldsymbol{x} \in M$, erzielt der Spieler j einen Nutzen $Z_j(\boldsymbol{x})$. Ohne Vorgabe einer Gewinnfunktion würde jeder Spieler bestrebt sein, seinen Nutzen zu maximieren. Bei der Lösung unseres Entscheidungsproblems sind wir aber an der Auswahl einer Variante interessiert, für die sich alle Spieler entscheiden können. Daher muß die zu erklärende Gewinnfunktion die Auswahl einer gemeinsamen Variante fördern.

Bezeichnet $\boldsymbol{x}_j$ die vom Spieler j im Ergebnis der Spielhandlung gewählte Variante, kann die Gewinnfunktion des Spielers j für unser nichtkooperatives k-Personenspiel durch

$$u_j(\boldsymbol{x}_1, \boldsymbol{x}_2, \ldots, \boldsymbol{x}_k) = \begin{cases} Z_j(\boldsymbol{x}), & \text{falls } \boldsymbol{x}_j = \boldsymbol{x} \text{ für alle } j = 1, 2, \ldots, k \\ \min\limits_{\boldsymbol{x}_i} Z_j(\boldsymbol{x}) & \text{in allen anderen Fällen} \end{cases}$$

erklärt werden.

Jeder Spieler j wählt seine Strategie unabhängig aus. Dabei ist er bestrebt, seine eigene Gewinnfunktion u_j durch geeignete Wahl von $\boldsymbol{x}_j$ unabhängig vom Verhalten der anderen Spieler zu maximieren.

Ist die Strategienmenge M endlich, sprechen wir von einem *endlichen nichtkooperativen Spiel*. Als Lösung des Spieles wird jede *Gleichgewichtssituation* $\boldsymbol{x}_1^*, \boldsymbol{x}_2^*, \ldots, \boldsymbol{x}_k^*$ angesehen, für die

$$u_j(\boldsymbol{x}_1^*, \boldsymbol{x}_2^*, \ldots, \boldsymbol{x}_k^*) \geqq u_j(\boldsymbol{x}_1^*, \boldsymbol{x}_2^*, \ldots, \boldsymbol{x}_k^* \parallel \boldsymbol{x}_j) \quad \text{für alle } j$$

gilt. Dabei ist $\boldsymbol{x}_j \in M$, und $\boldsymbol{x}_1^*, \boldsymbol{x}_2^*, \ldots, \boldsymbol{x}_k^* \parallel \boldsymbol{x}_j$ bezeichnet eine Situation, die folgenden Bedingungen genügt:

1. Mit Ausnahme des j-ten Spielers behalten alle anderen Spieler i ihre Strategie $\boldsymbol{x}_i^*$ bei.
2. Der j-te Spieler tauscht seine Strategie $\boldsymbol{x}_j^*$ gegen $\boldsymbol{x}_j$ aus.

Jedes endliche nichtkooperative Spiel hat nach einem Satz von NASH im Bereich der gemischten Strategien mindestens eine Gleichgewichtssituation.

Dieser spieltheoretische Optimalitätsbegriff setzt die Unabhängigkeit der Ziele voraus. Gegenwärtig erscheint es schwer vorstellbar, die Theorie der kooperativen Spiele auch für den Fall heranzuziehen, in dem die Ziele voneinander abhängig sind, da ein entsprechender Optimalitätsbegriff nicht erklärt ist.

Mit diesen Betrachtungen zu einigen spieltheoretischen Vorgehensweisen bei der Lösung linearer Vektoroptimierungsaufgaben sollen die Darlegungen über numerische Verfahren beschlossen werden. Wir haben gesehen, daß uns eine umfangreiche Palette von Lösungsmethoden für Optimierungsaufgaben unter mehrfacher Zielstellung zur Verfügung steht, so daß Probleme der linearen Vektoroptimierung einen befriedigenden praktikablen Reifegrad erreicht haben. Eine sorgfältige Modellierung ökonomischer Probleme unter mehrfacher Zielstellung setzt aber auch voraus, gegebenenfalls bestehende Wertungen und Wichtungen der Ziele in die Modellaussage einzubeziehen, um die Auswahl des mathematischen Lösungsverfahrens und der verwendeten Kompromißtheorie begründen zu können.

Literaturverzeichnis

[1] Blumenthal, B. (Hrsg.), Mathematische Methoden in der Operationsforschung. Verlag Die Wirtschaft, Berlin 1970.

[2] Churchman, C. W., Ackoff, R. L., Arnoff, E. L., Operations research. Verlag Die Wirtschaft, Berlin 1969.

[3] Dadajan, V. S., Ökonomische Gesetze des Sozialismus und optimale Entscheidungen. Akademie-Verlag, Berlin 1973.

[4] Dinkelbach, W., Sensitivitätsanalysen und parametrische Programmierung. Springer-Verlag, Berlin—Heidelberg—New York 1969.

[5] Dück, W., Numerische Methoden der Wirtschaftsmathematik II. Akademie-Verlag, Berlin 1973.

[6] Dück, W., Bliefernich, M. (Hrsg.), Operationsforschung, Mathematische Grundlagen, Methoden und Modelle Bd. 1. VEB Deutscher Verlag der Wissenschaften, Berlin 1972.

[7] Dück, W., Bliefernich, M. (Hrsg.), Operationsforschung, Mathematische Grundlagen, Methoden und Modelle Bd. 2. VEB Deutscher Verlag der Wissenschaften, Berlin 1972.

[8] Dück, W., Wunderlich, L., Zielbestimmung, Zielgebiet und Berücksichtigung mehrerer Ziele. Wiss. Zeitschr. Hochschule für Ökonomie Berlin **21** (1976) 80—97.

[9] Dück, W., Wunderlich, L., Optimierung unter mehreren Zielen — Mathematische Probleme bei Berücksichtigung des Zielgebietes. Wiss. Zeitschr. Hochschule für Ökonomie Berlin **22** (1977) 67—73.

[10] Dück, W., Wunderlich, L., Die Bedeutung von Zielanalysen bei Beachtung mehrerer Ziele. Organizace a řizeni, Prag 1976.

[11] Fandel, G., Optimale Entscheidung bei mehrfacher Zielsetzung. Springer-Verlag, Berlin—Heidelberg—New York 1972.

[12] Focke, J., Vektormaximumproblem und parametrische Optimierung. Math. Operationsforsch. u. Statistik **4** (1973) 365—369.

[13] Fuentes-Mora, M. D., Wintgen, G., Ausartung bei der parametrischen Optimierung. XII. Internat. Wiss. Koll. der TH Ilmenau 1967, Heft 1 Wirtschaftsmathematik, 29—34.

[14] Jüttler, H., Über spieltheoretische Entscheidungssituationen. In: Mathematik und Kybernetik in der Ökonomie, Teil I. Akademie-Verlag, Berlin 1965.

[15] Jüttler, H., Ein Modell zur Berücksichtigung mehrerer Zielfunktionen bei Aufgabenstellungen der mathematischen Optimierung. In: Mathematische Modelle

und Verfahren der Operationsforschung, Schriftenreihe Datenverarbeitung. Verlag Die Wirtschaft, Berlin 1968.

[16] JÜTTLER, H., Zur Ermittlung von Kompromißlösungen für lineare Optimalprobleme mit unterschiedlichen Zielfunktionen. In: Entwicklung der Mathematik in der DDR. VEB Deutscher Verlag der Wissenschaften, Berlin 1974.

[17] KORNAI, J., Mathematische Methoden bei der Planung der ökonomischen Struktur. Verlag Die Wirtschaft, Berlin 1967.

[18] KÖRTH, H., Zur Berücksichtigung mehrerer Zielfunktionen bei der Optimierung von Produktionsplänen. In: Mathematik und Wirtschaft, Bd. 6. Verlag Die Wirtschaft, Berlin 1969.

[19] KÖRTH, H., Hyperbolische Optimierung und ihre Anwendung in der Praxis. In: [1].

[20] KUHN, H. W. and TUCKER, A. W., Nonlinear programming. In: J. NEYMAN (ed.), Proceedings of the Second Berkeley Symposium on Mathematical Statistics and Probability. University of California Press, Berkeley 1951.

[21] LWOW, JU. A., Optimisazija diskretnych modeljei proiswodstwennogo planirowanija, Isd. Leningradskogo universiteta 1975.

[22] MAIMINAS, E. S., Planungsprozesse — Informationsaspekt. Verlag Die Wirtschaft, Berlin 1972.

[23] NOŽIČKA, F., GUDDAT, J., HOLLATZ, H., BANK, B., Theorie der linearen parametrischen Optimierung. Akademie-Verlag, Berlin 1974.

[24] PESCHEL, M., und RIEDEL, C., Polyoptimierung, eine Entscheidungshilfe für ingenieurtechnische Kompromißlösungen. VEB Verlag Technik, Berlin 1976.

[25] WINTGEN, G., Indifferente Optimierungsprobleme. In: Mathematik und Kybernetik in der Ökonomie, Internationale Tagung — Berlin, Oktober 1964, Konferenzprotokoll, Teil II. Akademie-Verlag, Berlin 1965.

[26] WINTGEN, G., Indifferente Optimierungsprobleme. In: Operations Research-Verfahren, I. Oberwolfacher-Tagung über Operations Research, 18.—24. August 1968. Verlag Anton Hain, Meisenheim.

Sachverzeichnis